Tasty Food
食在好吃

最有妈妈味的
百变面点

甘智荣 主编

江苏凤凰科学技术出版社

图书在版编目（CIP）数据

最有妈妈味的百变面点 / 甘智荣主编 . –– 南京：
江苏凤凰科学技术出版社 , 2015.10（2019.6 重印）
（食在好吃系列）
ISBN 978–7–5537–4533–6

Ⅰ . ①最… Ⅱ . ①甘… Ⅲ . ①面食 – 制作 Ⅳ .
① TS972.116

中国版本图书馆 CIP 数据核字 (2015) 第 100957 号

最有妈妈味的百变面点

主　　　编	甘智荣	
责 任 编 辑	张远文　　葛　昀	
责 任 监 制	曹叶平　　方　晨	

出 版 发 行	江苏凤凰科学技术出版社
出版社地址	南京市湖南路 1 号 A 楼，邮编：210009
出版社网址	http://www.pspress.cn
印　　　刷	天津旭丰源印刷有限公司

开　　　本	718mm × 1000mm　　1/16
印　　　张	10
插　　　页	4
版　　　次	2015年10月第1版
印　　　次	2019年6月第2次印刷

标 准 书 号	ISBN 978–7–5537–4533–6
定　　　价	29.80元

序言
PREFACE

一道可口的面食，不仅可以保证家人营养均衡和膳食健康，还可以让家人在品味美食之余享受天伦之乐；一道具有色、香、味、形的面食，不仅可以让你在朋友聚会中大显身手，还可以增进朋友之间的感情。

本书精选了200余款最受欢迎的家常面食，详细介绍了面粉的选购和初加工的小知识，以及和面、揉面的技巧和各类面食的制作方法。材料、调料、做法面面俱到，烹饪步骤清晰，详略得当，同时配以彩色图片，让读者可以一目了然地了解食物的制作要点，即使没有任何烹饪经验，也能做得有模有样，有滋有味。

对于初学者，需要多长时间才能学会家常面食是他们最关心的问题。其实，只要对照本书学习，7天时间就可以基本掌握各类家常面食的制作方法。不用去餐厅，在家里即可轻松做出丰富美食。如果你想在厨房一显身手，成为一个烹饪高手的话，不妨拿起本书。掌握了书中介绍的烹饪基础、诀窍和步步详解的实例，不仅能烹调出一道道看似平凡，却大有味道的家常面食，还能够轻轻松松地享受烹饪带来的乐趣。

目录
CONTENTS

Part1　饼

Part2 酥、卷、糕

Part3 其他面点

和面的方法

❶ 500克低筋面粉中加入5克依士粉。

❷ 再加入5克泡打粉拌匀。

❸ 取50克白糖，加冷水溶至饱和状态，倒入盆中。

❹ 用手从四周向中间抄拌均匀。

❺ 拌至面成麦穗形的条状。

❻ 继续揉至成光滑面团，盖上湿布，醒发15分钟。

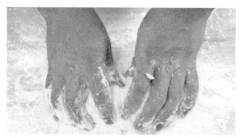

❼ 板上撒些干面粉，取出醒发好的面团再次推揉均匀即可。

面粉的选购与初加工小知识

◎面食的制作过程并不复杂，但是要做出好吃的面食却也不是那么简单。那么，要想做出美味可口的面食，应做好哪些准备工作呢？首先要选购面粉，然后要对面粉进行初加工。下面就让我们一起来学习关于面粉的选购与初加工的小知识吧！

❶ 选购面粉三窍门

（1）用手抓一把面粉，使劲一捏，松手后，面粉随之散开，是水分正常的好粉；如不散，则为水分多的面粉。同时，还可用手捻搓面粉，质量好的，手感绵软；若过分光滑，则质量差。

（2）从颜色上看，精度高的面粉，色泽白净；标准面粉呈淡黄色；质量差的面粉色深。

（3）质量好的面粉气味正常，略带甜味；质量差的多有异味。

❷ 面粉是否越白越好

面粉并不是越白越好，当我们购买的面粉白得过分时，很可能是因为添加了面粉增白剂——过氧化苯甲酰。过氧化苯甲酰会使皮肤、黏膜产生炎症，长期食用过氧化苯甲酰超标的面粉会对人体肝脏、脑神经产生严重损害。

❸ 夏季存放面粉须知

夏季雨水多，气温高，湿度大，面粉装在布口袋里很容易受潮结块，进而被微生物污染发生霉变。所以，夏季是一年中最难保存面粉的时期，尤其是用布口袋装面，更容易生虫。如果用塑料袋盛面，这种以"塑料隔绝氧气"的办法会使面粉与空气隔绝，既不反潮发霉，也不易生虫。

❹ 呆面的种类与调制

呆面即"死面"，只需将面粉与水拌和揉匀即成。因其调制所用冷热水的不同，又分冷水面与开水面。

（1）开水面。又称烫面，即用开水和成的面。性糯劲差，色泽较暗，有甜味，适宜制作烫馄饨、烧麦、锅贴等。掺水应分几次进行，面粉和水的比例，一般为500克面粉加开水约350毫升。须冷却后才能制皮。

（2）冷水面。冷水面就是用自来水调制的面团，有的加入少许盐。颜色洁白，面皮有韧性和弹性，可做各种面条、水饺、馄饨皮、春卷皮等。冷水面掺水比例，一般为500克面粉加水200~250毫升。

❺ 冬季和面如何加水

由于气温、水温的关系，冬季水分子运动缓慢，如和面加水不恰当，或用水冷热不合适，会使和出的面不好用。因此，冬季和面，要掌握好加水的窍门。和烙饼面，每500克面粉加325~350毫升40℃温水；和馅饼或葱花饼的面时，每500克面粉加325毫升45℃的温水；和发酵面时，每500克面粉加250~275毫升35℃左右的温水。

❻ 快速发面法

忘记了事先发面，又想很快吃到馒头，可用以下方法：500克面粉，加入50毫升食醋、350毫升温水和均匀，揉好，大约10分钟后再加入5克小苏打，使劲揉面，直到醋味消失就可切块上屉蒸制。这样不仅省时间，而且做出的馒头同样松软。

❼ 发面的最佳温度

发面最适宜的温度是27~30℃。面团在这个温度下，2~3小时便可发酵成功。为了达到这个温度，根据气候的变化，发面用水的温度可作适当调整：夏季用冷水；春秋季用40℃左右的温水；冬季可用60~70℃的热水和面，盖上湿布，放置在比较暖和的地方。

❽ 发面秘招

发面内部气泡多，做成的糕点即松软可口。这里，教你一个秘招：发面时，在面团内加入少量食盐。虽然只有简单的一句话，你试后一定会感到效果不凡。

❾ 发面碱放多了怎么办

发酵面团如兑碱多了，可加入白醋与碱中和。如上屉蒸到七八分熟时，发现碱兑多了，可在成品上撒些明矾水，或下屉后涂一些淡醋水。

❿ 面团为什么要醒一段时间

无论哪种面团，刚刚调和完后，面粉的颗粒都不能马上把水从外表吸进内部。通过醒的办法才能使面粉颗粒充分滋润吸水膨胀，使面团机构变得更加紧密，从而形成较细的面筋网，揉搓后表面光洁。没醒好的面团，使用起来易裂口、断条，揉不出光面，制出的成品粗糙。

⓫ 嫩酵面的特点

所谓嫩酵面，就是没有发足的酵面，一般发至四五成。这种酵面的发酵时间短（一般约为大酵面发酵时间的2／3），且不用发酵粉，目的是使面团不过分疏松。由于发酵时间短，酵面尚未成熟，所以嫩酵面紧密、性韧，宜做皮薄汁多的小笼汤包等。

PART1

饼

    饼是人们最喜爱的食物之一，种类很多。如：枕头饼、煎饼果子、葱花饼等，人们对饼钟爱有加，本章就为大家介绍这些美味食品的烹饪方法。

煎芝麻圆饼

材料

糯米粉500克，莲蓉馅150克，猪油150克，澄面150克，清水205毫升，芝麻适量

调料

白糖100克

做法

1. 清水、糖加热煮开，加入糯米粉、澄面。
2. 烫熟后倒在案板上搓匀。
3. 加入猪油搓至面团纯滑。
4. 将面团搓成长条状。
5. 面团分切成30克/个的小面团，莲蓉馅分成15克/个的小份。
6. 将面团压薄，包入馅料。
7. 将包口捏紧。
8. 沾上芝麻后蒸熟，待凉后煎至金黄即可。

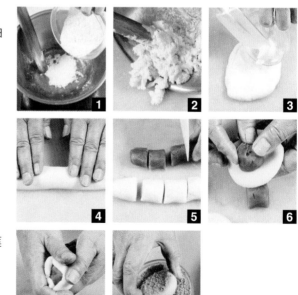

芝麻酥饼

材料

面粉500克，鸡蛋1个，清水150毫升，奶黄馅250克，芝麻适量

调料

白糖50克，猪油25克

做法

1. 面粉过筛开窝，加入白糖、猪油、鸡蛋、清水拌至糖溶化。
2. 将面粉拌入搓匀，搓至面团纯滑。
3. 用保鲜膜包好醒30分钟。
4. 将面团分切成小面团，将面团擀成薄皮。
5. 中间放入奶黄馅。
6. 将面皮卷起，将口捏紧。
7. 沾上芝麻，排于烤盘内，入炉烤熟即可。

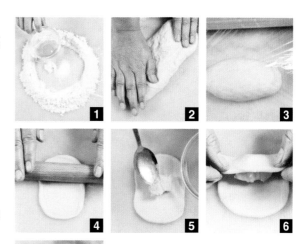

香葱烧饼

材料

面粉500克，泡打粉15克，鸡蛋100
克，酵母、清水、芝麻各适量

调料

白糖、牛油、鸡精、葱、食盐、香油
各适量

做法

❶ 面粉、泡打粉过筛开窝，加入白
糖、酵母、清水。

❷ 搅拌至白糖溶化，然后将面粉拌入。

❸ 揉搓成光滑面团后用保鲜膜包好，
稍作松弛。

❹ 葱洗净，切碎备用；鸡蛋炒熟切
碎，将葱、鸡蛋拌匀，调入食盐、
香油。

❺ 将面团擀薄并抹上葱花馅。

❻ 卷成长条状。

❼ 分切成约40克/个的小剂，并在小
剂上洒上清水。

❽ 沾上芝麻，放入烤盘内，烘烤至呈
金黄色即可出炉。

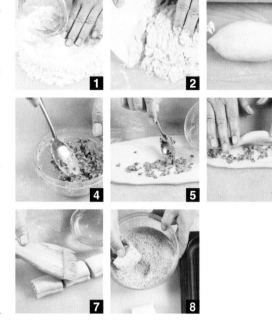

腰果巧克力饼

材料

奶油125克,蛋液67毫升,低筋面粉100克,糖粉67克,可可粉8克,腰果仁适量

做法

❶ 把奶油、糖粉混合,拌匀至奶白色。

❷ 分次加入蛋液后拌透。

❸ 加入低筋面粉、可可粉,完全拌匀至无粉粒状。

❹ 装入套有牙嘴的裱花袋内,在烤盘内挤出大小均匀的形状。

❺ 表面放上腰果仁装饰。

❻ 以160℃的炉温烘烤至完全熟透后出炉,冷却即可。

葱饼

材料

面粉300克，鸡蛋2个，胡萝卜20克，清水适量

调料

葱10克，食盐3克，花生油适量

做法

1. 鸡蛋打散；胡萝卜洗净切丝；葱洗净后取葱白切段。
2. 面粉加适量清水拌匀，再加入鸡蛋、胡萝卜丝、食盐、葱白段一起搅匀成浆。
3. 煎锅上火，加入少量花生油，下入调好的鸡蛋浆，煎至两面金黄后，取出切成块状即可。

煎饼

材料

面粉300克，鸡蛋2个，瘦肉30克，清水适量

调料

食盐3克，香油3毫升，花生油适量

做法

1. 瘦肉洗净切末；鸡蛋打散。
2. 面粉兑适量清水调匀，再加入鸡蛋、瘦肉末、食盐、香油一起拌匀成面浆。
3. 油锅烧热，放入面浆，煎至金黄时，起锅切块，装入盘中即可。

蔬菜饼

材料

面粉300克，鸡蛋2个，清水适量

调料

香菜、胡萝卜、食盐、花生油、香油各适量

做法

❶ 鸡蛋打散；香菜洗净；胡萝卜洗净切丝。

❷ 面粉中加入适量清水调匀，再加入鸡蛋、香菜、胡萝卜丝、食盐、香油调匀。

❸ 锅中注油烧热，放入调匀的面浆，煎至金黄后起锅，切块装盘即可。

双喜饼

材料

面粉300克，韭菜50克，鸡蛋2个，豆沙50克，清水适量

调料

食盐3克，花生油适量

做法

❶ 鸡蛋打散，入锅煎成蛋饼后切碎；韭菜切碎。

❷ 将蛋饼、韭菜、食盐拌匀做馅；面粉加适量清水揉匀成团。

❸ 将面团分成8个剂后擀扁，4个包入豆沙馅，另外4个包入鸡蛋馅，均做成饼，再放入油锅中煎熟即可。

墨西哥煎饼

材料

面粉150克，鸡蛋3个，火腿30克，青椒、清水各适量

调料

食盐少许，洋葱20克

做法

❶ 鸡蛋打散入碗中；火腿洗净切片，青椒洗净切片；洋葱洗净切碎。

❷ 将面粉加入清水、鸡蛋、火腿片、洋葱、青椒片、食盐一起调匀。

❸ 锅中注油烧热，放入搅拌均匀的面粉和蛋液，煎成饼后起锅装盘即可。

酸菜饼

材料

面粉300克，酸菜100克，清水适量

调料

食盐3克，花生油适量

做法

❶ 酸菜洗净切碎。

❷ 面粉加入少许食盐和适量清水调匀，再加入酸菜一起搅拌均匀成面浆。

❸ 锅中注油烧热，倒入搅匀的面浆煎至饼成，起锅切块，装盘即可。

家常饼

材料

面粉300克，清水适量

调料

食盐2克，胡椒粉5克，香油5毫升，花生油适量

做法

❶ 面粉加入适量清水拌匀，再加入食盐、胡椒粉、香油揉匀。

❷ 将揉匀的面团搓成长条，然后下成面剂，再用擀面杖擀成一张薄皮。

❸ 锅中注油烧热，放入面皮，煎至熟后起锅装盘即可。

相思饼

材料

青豆30克，蛋黄液30毫升，胡萝卜20克，玉米粒50克，清水、淀粉各适量

调料

白糖10克，花生油适量

做法

❶ 青豆、玉米焯水沥干；胡萝卜洗净切丁，与青豆、玉米粒混合。

❷ 淀粉加入清水调好，加入蛋黄液拌匀，然后加入青豆中。

❸ 在混合好的上述材料中加入白糖，搅拌至糖全部溶化。

❹ 油锅烧热，倒出热油，用勺舀适量的饼料入锅中，搪平，再加入热油，炸至表面微黄即可。

芋头饼

材料

芋头100克，糯米粉30克，芝麻20克，饼干10片

调料

白糖15克，花生油适量

做法

❶ 芋头去皮，切成片，然后入蒸笼蒸熟，趁热捣碎成泥，加入白糖、糯米粉拌匀。

❷ 将芋头糊夹入两片饼干中，轻轻按压，再在饼干周围刷点淀粉水，沾上芝麻。

❸ 净锅入油，烧至六成热，将芋头饼放入其中，慢火炸至表面脆黄即可。

韭菜饼

材料

小麦面粉50克，韭菜、鸡蛋各100克，清水适量

调料

花生油、食盐、大葱各适量

做法

❶ 将嫩韭菜择洗干净，沥水后切成小段；葱洗净，切成细末。

❷ 把鸡蛋打入碗内，用力搅打均匀，然后将韭菜、鸡蛋混合，加入食盐、葱末炒熟。

❸ 面粉加入清水和好，包入备好的鸡蛋和韭菜，拍成圆饼形，再入沸油锅炸至两面金黄色后出锅即可。

苦荞饼

材料

苦荞粉30克，面粉100克，清水适量

调料

白糖15克

做法

❶ 面粉加入清水和好，静置备用。

❷ 将苦荞粉、白糖加入备用的面粉中揉匀。

❸ 取适量上述面团入手心，拍成扁平的薄饼状，再入蒸笼蒸熟后取出，摆盘即可。

千层饼

材料

酵母5克，面粉300克，温水适量

调料

豆油20克，花生油、碱各适量

做法

❶ 面粉倒在案板上，加入酵母、温水和成发酵面团。待酵面发起，加入碱液揉匀。

❷ 面团搓成条，揪成若干面剂，再将面剂搓成长条，擀成长方形面片，刷上豆油，撒上干面粉后叠起。

❸ 把剂两端分别包严，擀成宽椭圆形饼，再下入锅中煎至两面金黄，取出切成菱形块，码入盘内即可。

煎肉饼

材料

面粉350克，猪五花肉100克，生菜、清水、胡萝卜各适量

调料

食盐、胡椒粉各5克，花生油适量

做法

❶ 猪五花肉洗净后剁成末；胡萝卜洗净切丁；生菜洗净。

❷ 面粉加入适量清水搅拌成絮状，再加入肉末、胡萝卜、食盐、胡椒粉一起揉匀。

❸ 将揉匀的面团，分成若干剂，做成饼，放入油锅中煎至金黄，起锅装盘，用生菜点缀即可。

手抓饼

材料

面粉200克，鸡蛋2个，清水适量

调料

黄油20克，白糖3克，花生油适量

做法

❶ 面粉加入打散的鸡蛋液、黄油、清水、白糖揉制成面团后醒发。

❷ 面团取出搓成长条，撒上面粉，擀成长方形薄片，依次刷一层花生油、一层黄油，对折后分别再刷两次花生油，再次对折成长条，拉起两边扯长后从一头卷起成盘。

❸ 擀制成厚薄均匀的圆饼，放入平锅中煎至两面金黄，最后撕开即可。

奶黄饼

材料
面粉200克，奶黄馅30克，清水适量
调料
白糖10克，香油10毫升

做法
❶ 面粉加适量清水搅拌成絮状，再加入白糖、香油揉匀成光滑的面团。
❷ 将面团摘成小剂子，按扁，包上奶黄馅，做成饼。
❸ 将做好的饼放入烤箱中烤30分钟，烤至两面呈金黄色时即可。

南瓜饼

材料

南瓜50克，面粉150克，蛋黄1个，清水适量

调料

白糖15克，香油15毫升

做法

❶ 南瓜去皮洗净，入蒸锅中蒸熟后，取出捣烂。

❷ 将面粉加入适量清水搅拌成絮状，再加入南瓜泥、蛋黄、白糖、香油揉匀成面团。

❸ 将面团擀成薄饼，放入烤箱中烤25分钟，取出，切成三角形块，装盘即可。

泡菜饼

材料

泡菜40克，面粉100克，鸡蛋1个，清水、青椒各适量

调料

食盐、花生油各适量

做法

❶ 青椒洗净切丝；面粉加清水入碗中调匀，再加入打散的鸡蛋、泡菜、青椒丝、食盐一起拌匀。

❷ 锅中注油烧热，倒入调匀的面浆，用大火煎至金黄。

❸ 取出切块，装盘即可。

糯米饼

材料

糯米粉250克，黑芝麻、白芝麻各10克，豆沙50克，清水适量

调料

白糖15克，花生油适量

做法

❶ 糯米粉加入适量清水拌匀，再揉匀成面团。

❷ 将糯米面团擀薄，抹上豆沙、白糖，然后对折叠起，再擀成饼状，在两面均沾上芝麻。

❸ 放入油锅中煎熟，起锅切成方块，装盘即可。

金钱饼

材料

面粉200克，鸡蛋2个，清水适量

调料

白糖15克，香油15毫升，花生油适量

做法

❶ 鸡蛋打散装碗。

❷ 面粉加入适量清水搅拌成絮状，再加入鸡蛋、白糖、香油揉匀成团。

❸ 将面团分成若干小剂，捏成环状的小饼，再放入油锅中炸熟，起锅串起即可。

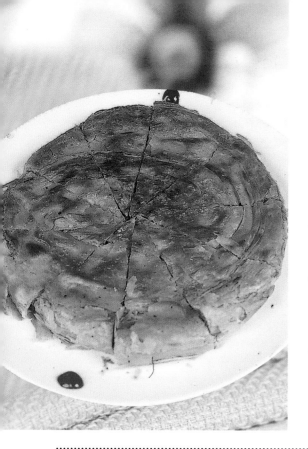

麻辣肉饼

材料

猪瘦肉50克，面粉300克，苏打粉、清水各适量

调料

食盐、红油各少许

做法

❶ 猪瘦肉洗净切末；面粉加苏打粉、清水搅拌成面团；瘦肉末、食盐一起拌匀成馅备用。

❷ 将揉匀的面团分成小剂，擀成圆形片，包入馅料，包起来，再用擀面杖反复擀几遍，再做成一张大饼，放入烤箱中烤35分钟。

❸ 取出涂上红油，切成小块，装入盘中即可。

牛肉烧饼

材料

生牛肉50克，面粉200克，清水适量

调料

食盐3克，红油10毫升，花生油适量

做法

❶ 牛肉洗净切末，加入食盐、红油拌匀入味后待用。

❷ 将面粉加入适量清水搅拌均匀，揉成面团，掐成面剂后，用擀面杖擀成面饼，铺上牛肉末，对折包起来。

❸ 在面饼表面刷一层红油，下入煎锅中煎至两面金黄即可。

炸土豆饼

材料

土豆40克，面粉120克，黄瓜50克，清水适量

调料

食盐、味精各3克，番茄酱10克，花生油适量

做法

❶ 土豆去皮洗净，捣成泥；黄瓜洗净，切丝备用。

❷ 将土豆泥、面粉加入适量清水拌匀，再加入食盐、味精揉成面团。

❸ 将面团做成饼，放入油锅中炸至金黄，起锅后切成两半，再淋上番茄酱，搭配黄瓜丝食用即可。

北京馅饼

材料

面粉300克，生牛肉100克，白菜80克，清水适量

调料

食盐2克，味精1克，老抽12毫升，花生油、大葱各适量

做法

❶ 牛肉洗净，剁碎后加入老抽、食盐、味精调味；白菜洗净，切成细末；面粉用清水调和揉匀。

❷ 将面团按扁，用擀面杖擀成面皮，将牛肉、白菜、葱拌匀后，包入面皮中，捏合成馅饼生坯。

❸ 平底锅烧热，下馅饼略烘一会儿，倒入花生油，煎成两面金黄，即可盛出食用。

大黄米饼

材料

大黄米粉300克，豆沙100克，清水适量

调料

白糖10克，花生油适量

做法

❶ 大黄米粉加入适量清水揉匀成粉团。

❷ 将粉团搓成条，分成5个剂子，用擀面杖擀扁，包入豆沙，做成饼，入锅蒸熟。

❸ 油锅烧热，放入蒸饼煎至呈金黄色，起锅装盘即可。

黄金大饼

材料

面粉300克，豆沙100克，白芝麻适量，清水适量

调料

白糖10克，花生油适量

做法

❶ 面粉加入清水、白糖和成面团，下成面剂后按扁。

❷ 面皮上放上豆沙，包好，捏紧封口，按成大饼形，在两面沾上白芝麻。

❸ 将备好的材料入蒸锅蒸10分钟。

❹ 油锅烧热，下入蒸过的大饼炸至两面金黄即可。

黄桥烧饼

材料

酵母10克，面粉500克，芝麻35克，熟猪油、温水各适量

调料

饴糖20克，碱水、食盐各4克

做法

❶ 将一半面粉、酵母、食盐和温水揉成发酵面团，再兑入碱水，至无酸味即可。

❷ 将其余面粉加熟猪油和成干油酥。

❸ 把酵面搓成长条，摘成剂子，剂子包入干油酥，擀成面皮，对折后再擀成面皮，卷起来，按成饼状，涂一层饴糖，撒上芝麻，装入烤盘烤5分钟即可。

绿豆煎饼

材料

绿豆粉200克，红椒10克，清水适量

调料

香菜、食盐各少许，花生油适量

做法

❶ 红椒洗净切片；香菜洗净备用。

❷ 绿豆粉加入适量清水、食盐搅拌成絮状，再加入食盐揉匀，分成若干小剂。

❸ 将面剂擀成薄饼，用红椒、香菜稍加点缀，放入油锅中炸至呈金黄色即可。

鸡蛋灌饼

材料

饼2张，鸡蛋2个

调料

食盐3克，花生油、水淀粉各适量

做法

❶ 鸡蛋打散装碗，加入食盐拌匀，下入油锅中炒散备用。

❷ 取一张饼，铺上炒好的鸡蛋，再盖上另一张饼，将边缘处以水淀粉粘好。

❸ 平底煎锅注油，大火烧热，放入饼，转中小火，煎至呈金黄色时，将饼翻转，待两面变黄后，取出，切成菱形块即可。

家乡软饼

材料

面粉200克，鸡蛋3个，清水适量

调料

食盐2克，香油、大葱各10克，花生油适量

做法

❶ 鸡蛋打散；大葱洗净切葱花。

❷ 面粉加入适量清水调匀，再加入鸡蛋、食盐、香油、葱花和匀。

❸ 油锅烧热，放入面浆煎至金黄，起锅切块，装入盘中即可。

泡菜煎饼

材料

面粉200克，鸡蛋1个，泡白菜80克，清水、青椒各适量

调料

食盐2克，花生油适量

做法

❶ 泡菜洗净；青椒洗净切圈；鸡蛋打散。

❷ 面粉加入适量清水调匀，再加入鸡蛋液、泡菜、青椒、食盐一起搅匀成面糊。

❸ 锅中注油烧热，倒入面糊煎至呈金黄色时，起锅切成块，装盘即可。

陕北烙饼

材料

面粉250克，干红椒15克，清水适量

调料

食盐3克，花生油适量

做法

❶ 干红椒洗净，切末。

❷ 面粉加入适量清水拌匀，再加入干红椒、食盐一起揉匀成团。

❸ 用擀面杖将面团擀成薄皮，放入油锅中煎熟后起锅，切块装盘即可。

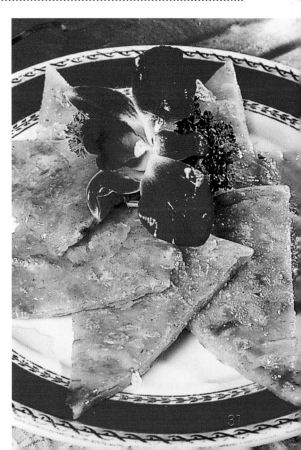

土豆薄饼

材料

面粉200克，土豆50克，生菜、清水各适量

调料

花生油、香菜各适量，葱末10克，食盐3克

做法

❶ 生菜洗净，排于盘中；土豆去皮洗净切块，煮熟备用；香菜洗净。

❷ 面粉加入适量清水调匀，加入葱末、食盐拌匀。

❸ 油锅烧热，倒入面浆煎成饼，熟后，捞起置于盘中生菜上，再放上土豆块，撒上香菜点缀即可。

白糯米饼

材料

糯米粉350克，豆沙30克，清水适量

调料

食盐3克，花生油适量

做法

❶ 糯米粉与适量清水揉匀成光滑的面团。

❷ 将面团搓成长条，分成4个剂，擀成面皮，包入豆沙，按成扁饼。

❸ 锅中注油烧热，放入饼煎熟，起锅装盘即可。

驴肉馅饼

材料

酱驴肉100克，面粉250克，清水适量

调料

食盐3克，香菜5克，蒜末4克，香油、花生油
各适量

做法

❶ 酱驴肉洗净，剁成碎末，加入食盐、香
菜、蒜末、香油一起拌匀成馅料备用。

❷ 面粉加入适量清水拌成絮状，再揉匀成面
团，分成4等份，擀扁，包入馅料。

❸ 锅中注油烧热，放入馅饼，煎至熟，起锅
装盘即可。

虾仁薄饼

材料

红辣椒30克，虾仁100克，面粉80克，清水
适量

调料

食盐、葱、料酒、花生油、辣椒酱各适量

做法

❶ 将虾仁入热水中汆水后取出，沥干水分。

❷ 红辣椒洗净切丁；葱洗净切末；虾仁加入
食盐、料酒、辣椒酱调好味，拌入辣椒丁。

❸ 面粉和好后分成若干等份，擀成薄片。取
一片放入调好味的虾仁，再盖上另一薄
片，撒些葱花后折叠，最后入油锅炸至呈
微黄色，取出切块即可。

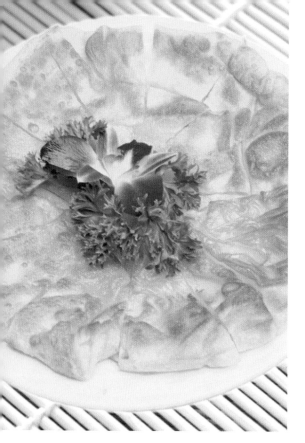

印度薄饼

材料

面粉200克，温水适量

调料

花生油适量

做法

❶ 将面粉加入适量温水和匀成面团，再揉搓至表面光滑。

❷ 在玻璃面板上均匀地抹一层油，将面团放在面板上，按压成圆形，再抓住边缘甩起，甩成透明饼状。

❸ 平底锅烧热，放入少许花生油，将面饼煎至两面金黄后盛盘即可。

苋菜煎饼

材料

面粉、地瓜粉、鸡蛋液各100克，苋菜80克，清水适量

调料

红椒、葱各20克，食盐、花生油、胡椒粉各适量

做法

❶ 葱洗净切末；苋菜、红椒洗净切碎。

❷ 面粉、地瓜粉、鸡蛋液加入适量食盐、胡椒粉、清水拌匀，放入葱末、苋菜末、红椒末搅匀成野菜面糊。

❸ 油锅烧热，放入野菜面糊煎至两面皆呈金黄色，取出切块即可。

炸龙凤饼

材料

面粉100克，海参、鸡肉各50克，面包糠、清水各适量

调料

食盐、料酒、花生油各适量

做法

❶ 海参泡发洗净，焯水后捞出切碎；鸡肉洗净，剁成泥，加入食盐、料酒腌渍。

❷ 面粉加入清水和匀成面糊，再将鸡肉、海参拌匀，裹上面糊，搓成圆形，再压成饼状，裹一层面包糠。

❸ 油锅烧热，放入做好的饼炸至呈金黄色即可。

黑芝麻酥饼

材料

水油皮100克，油酥适量

调料

花生油适量，黑芝麻、糖粉各10克

做法

❶ 水油皮、油酥均擀成薄片，将油酥放在水油皮上卷好，再下成小剂子，按扁成酥皮。

❷ 在酥皮上放入芝麻、糖粉后包好，按成饼形，再在两面沾上黑芝麻。

❸ 煎锅上火，注油烧热，下入芝麻饼煎至两面金黄即可。

空心烧饼

材料

外皮（中筋面粉100克，白糖10克，酵母粉3克），内皮（奶油20克，低筋面粉40克），白芝麻8克，清水适量

做法

❶ 中筋面粉混合酵母粉、糖、清水揉成面团，分成面心、面皮；面粉混合奶油揉成油酥面团。

❷ 面皮包入油酥，反复折擀2次再擀成薄圆片。

❸ 将面心包入面皮内，刷上糖水，沾上白芝麻，入烤盘静置30分钟。

❹ 烧饼入烤箱以175℃烤25分钟，再将烧饼一切为二，将发酵面团取出即可。

煎牛肉饼

材料

面粉100克，鸡蛋液50毫升，淀粉、生牛肉各适量，清水适量

调料

姜、食盐、花生油、老抽各适量

做法

❶ 生牛肉洗净，剁成末；姜洗净，切末。

❷ 牛肉末放入碗内，加入面粉、姜末、淀粉、鸡蛋液、食盐、老抽和适量清水搅匀，再做成饼状。

❸ 油锅烧热，放入牛肉饼煎至两面金黄后捞出即可。

千金色烙饼

材料

淀粉、土豆各100克，鸡蛋1个，朱古力屑5克，清水适量

调料

花生油适量

做法

❶ 土豆去皮，切细丝，用水冲洗一下去除淀粉，沥干水分。

❷ 淀粉加入少量清水后揉匀；鸡蛋取蛋黄，搅打成液，然后将鸡蛋液缓缓地加入淀粉中，再揉匀。

❸ 土豆丝沾淀粉，放入勺中，摊开成圆形，入沸油锅中炸至表面金黄后起锅，切成三角形摆盘，再撒上朱古力屑即可。

黑糯米饼

材料

黑糯米粉200克，豆沙50克，清水适量

调料

白糖8克，花生油适量

做法

❶ 黑糯米粉加入清水、白糖和成面团；豆沙搓成长条，再切成小块。

❷ 将面团搓成长条，下成小剂子，再做成饼状，包入豆沙块，捏紧封口，再按成饼状。

❸ 油锅烧热，将做好的黑糯米饼煎熟即可。

海南蒸饼

材料

面粉150克，干酵母2克，泡打粉3克，枣泥馅60克，清水适量

调料

花生油、芝麻、白糖各适量

做法

① 面粉加入清水、糖和匀，再将干酵母、泡打粉加入拌匀，静置醒发。

② 取醒好的面团擀成长条，再切成6等份，将每份擀扁，包入枣泥馅，收口朝下放好。

③ 在制好的饼坯上撒上芝麻，入蒸锅蒸20分钟，取出待凉。

④ 净锅注油，将蒸饼炸至表面脆黄即可。

腊味韭香饼

材料

面粉150克，腊肠50克，韭菜20克，清水适量

调料

食盐2克，花生油适量

做法

① 腊肠、韭菜均洗净切碎。

② 将面粉加入清水调成浆，加入食盐，再将切好的腊肠、韭菜放入，一起拌匀成面浆。

③ 锅内注油烧热，放入面浆，待煎成面饼后取出，切成三角形装盘即可。

苦瓜煎蛋饼

材料

苦瓜、面粉各50克，鸡蛋3个

调料

食盐3克，花生油适量

做法

❶ 苦瓜洗净切丁；鸡蛋入碗中打散。

❷ 将苦瓜丁放入鸡蛋碗中，再加入食盐和面粉调匀。

❸ 锅中注油烧热，放入调好的蛋浆，煎至金黄时起锅，切块装盘即可。

奶香玉米饼

材料

玉米粉30克，牛奶20克，面粉200克，清水适量

调料

花生油、香油各适量，白糖3克

做法

❶ 面粉、玉米粉、牛奶加入适量清水搅拌成絮状，再加入白糖、香油揉匀。

❷ 将揉好的面团分成若干份，做成饼坯，放入煎锅中煎至两面呈金黄色。

❸ 取出，摆于盘中即可。

麦仁山药饼

材料

麦仁30克，面粉150克，山药60克，清水适量

调料

食盐3克，花生油适量

做法

❶ 麦仁洗净，用清水浸泡待用；山药去皮洗净，捣成泥。

❷ 将面粉与食盐、清水、山药泥调匀，揉成光滑的面团，下成面剂，按成饼状，沾裹上麦仁粒。

❸ 锅中注油烧热，放入麦仁饼坯，以小火煎至两面金黄即可。

碧绿茶香饼

材料

绿茶20克，糯米粉220克，清水适量

调料

白糖、蜂蜜、熟猪油各10克

做法

❶ 绿茶用沸水泡开，取茶汁备用；糯米粉加入适量清水调匀。

❷ 向糯米粉中加入绿茶汁、熟猪油、蜂蜜、白糖一起揉匀，再搓成条，分成8等份，放入模具中压成型。

❸ 将做好的饼放入蒸锅中蒸30分钟，取出排于盘中即可。

草原小肉饼

材料

面粉300克，猪瘦肉100克，清水适量

调料

食盐2克，老抽12毫升，姜6克，花生油适量

做法

❶ 猪瘦肉洗净切末；姜洗净切末；将肉末、姜末、食盐、老抽一起拌匀成馅。

❷ 面粉加入适量清水拌匀成团，再擀扁，包入肉馅后捏好，按成饼状。

❸ 油锅烧热，放入饼煎至熟，起锅切开，排于盘中即可。

川府大肉饼

材料

面粉200克，猪五花肉100克，清水适量

调料

食盐2克，老抽15毫升，花生油、葱、姜各适量

做法

❶ 猪五花肉、葱、姜均洗净切末；肉末、食盐、老抽、葱末、姜末拌匀做馅。

❷ 面粉加入适量清水揉匀成团，再用擀面杖擀成薄皮，包入肉馅，做成饼状。

❸ 油锅烧热，放入肉饼，用中火煎至熟后，起锅装入盘中即可。

葱油芝麻饼

材料

面粉300克，白芝麻、清水各适量

调料

食盐3克，味精2克，葱20克，花生油适量

做法

① 葱洗净切末，入油锅中煎干，再去渣取油，即为葱油。

② 面粉加适量清水调匀，再加入白芝麻、食盐、味精揉匀成团，在两面均刷上葱油，再擀扁成饼状。

③ 锅中注油烧热，放入大饼坯，炸至呈金黄色时，起锅切块，装入盘中即可。

东北大酥饼

材料

豆沙、油酥各50克，水油皮100克，蛋液适量

做法

① 豆沙分成2等份；水油皮与油酥拌匀，做成酥饼皮，将豆沙放入包好。

② 将饼皮放入虎口处收拢，将剂口捏紧，用手掌按扁，再均匀地刷一层蛋液。

③ 将饼放入烤箱中，烤20分钟，取出即可食用。

奶黄西米饼

材料

糯米粉150克，西米100克，奶油30克，温水适量

调料

白糖15克

做法

① 西米用温水浸泡至透明状备用；将糯米粉加入适量温水和匀，揉成面团。

② 将面团分成面剂，擀成薄饼状，放上西米、奶油、白糖，然后包起来，再做成饼状。

③ 将做好的饼放入蒸锅中蒸12分钟即可。

奶香黄金饼

材料

面粉350克，牛奶50毫升，鸡蛋2个，白芝麻30克，清水适量

调料

白糖15克，花生油适量

做法

① 鸡蛋打散。

② 面粉加入适量清水拌成絮状，再加入牛奶、鸡蛋液、白糖揉匀成团。

③ 将面团擀扁成饼状，再沾上芝麻，放入油锅中煎至呈金黄色后起锅，切块装盘即可。

武大郎肉饼

材料

面粉150克，鲜猪肉100克，清水适量

调料

葱、姜、食盐、辣椒酱、鸡精、花生油、料酒各适量

做法

❶ 面粉加清水和成面团，静置醒发20分钟。

❷ 葱洗净切丝，姜洗净切片，葱姜一起泡水20分钟；猪肉洗净剁泥，在肉泥中加入葱姜水及食盐、鸡精、料酒拌匀，再加入辣椒酱，搅匀成馅。

❸ 将醒好的面团分成小面团，擀成薄面皮，放上肉馅，卷成卷。

❹ 将饼坯放入平底锅后压扁，煎至两面金黄即可。

西米南瓜饼

材料

南瓜150克，西米50克，淀粉20克

调料

白糖15克，花生油适量

做法

❶ 南瓜去皮切小块，隔水蒸熟，然后压成南瓜泥；西米用温水泡发至透明状。

❷ 南瓜泥中加入淀粉和西米，均匀地混合在一起，再加白糖拌匀。

❸ 锅中注油烧热，分别舀适量上述材料在平铲上，铺开成形，入油锅中煎至外皮变脆、颜色金黄即可。

芋头瓜子饼

材料

葵花子仁80克，芋头100克，糯米粉30克，牛奶20毫升

调料

白糖15克

做法

❶ 芋头去皮，切成片，入蒸笼蒸熟，趁热捣碎成泥，加入白糖、糯米粉及牛奶拌匀。

❷ 将葵花子仁加入芋头泥中，用筷子拌匀。

❸ 分别取适量上述材料入手心，搓成丸状，再按成饼状，入蒸锅中蒸5分钟即可。

芝麻煎软饼

材料

糯米粉200克，黑芝麻30克，清水适量

调料

吉士粉、白糖各15克，花生油适量

做法

❶ 将糯米粉、吉士粉加入白糖、清水调成面糊。

❷ 将面糊捏成圆形，再按扁成饼状，在两面沾上黑芝麻备用。

❸ 油锅烧热，放入黑芝麻饼坯煎至两面金黄即可。

金丝掉渣饼

材料

面粉200克，白芝麻、清水各适量

调料

食盐、葱花、熟猪油各适量

做法

❶ 面粉加入食盐、清水和匀成面团，再压成长片，两面均抹上熟猪油，撒上葱花、白芝麻，把面顺长折叠，切成丝，再盘成饼状。

❷ 烤箱预热，放入盘好的饼，以220℃的炉温烘烤5分钟，烤至两面金黄即可。

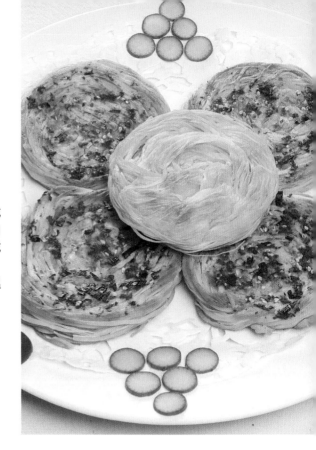

松仁玉米饼

材料

玉米粉100克，松仁50克，炼乳30克，鸡蛋清20克，淀粉10克，清水适量

调料

花生油适量

做法

❶ 将玉米粉加入清水调好，静置待用。

❷ 将调好的玉米粉、炼乳、鸡蛋清、淀粉混合搅匀；松仁过油炸至微黄。

❸ 锅中涂层油，均匀地摊上玉米粉团，再撒上松仁，煎至两面微黄即可。

蟹肉玉米饼

材料

玉米粒50克，蟹肉、淀粉、吉士粉、黏米粉、糯米粉各30克，黄奶油、青豆各20克，蛋液20毫升，清水适量

调料

白糖、淀粉各10克，花生油适量

做法

❶ 玉米粒、青豆、黄奶油、白糖加适量清水蒸半小时，待凉。

❷ 将黏米粉、淀粉、吉士粉、糯米粉、蛋液加入步骤1的材料中制成面糊。

❸ 加蟹肉拌匀，团成小面糊，放进平底锅，用小火煎至两面金黄即可。

金丝土豆饼

材料

淀粉100克，土豆80克，白芝麻20克

调料

葱花20克，食盐3克，花生油适量

做法

❶ 土豆去皮洗净切丝。

❷ 将淀粉、食盐、土豆丝、葱花拌匀调好，切成三角状。

❸ 油锅烧热，放入备好的材料炸至呈金黄色，捞出沥油，撒上白芝麻即可。

千层素菜饼

材料

面粉100克，鸡蛋液50毫升、雪里蕻适量，清水适量

调料

花生油、葱花、食盐各适量

做法

❶ 面粉、鸡蛋液加入清水和匀成面团；雪里蕻洗净切末。

❷ 油锅烧热，入雪里蕻、葱花炒熟，调入食盐拌匀成馅料。

❸ 将面团擀成薄皮，放上馅料，包成饼状，再放入烧热的油锅中炸至酥脆即可。

蜂巢奶黄饼

材料

面粉150克，奶黄50克，泡打粉、清水各适量

调料

白糖、蜂蜜各适量

做法

❶ 面粉、泡打粉、白糖、蜂蜜、清水和匀成面团，醒发20分钟。

❷ 将面团揉匀，下成小剂子，用擀面杖擀成面皮，再包入奶黄，包好后擀成饼状。

❸ 油锅烧热，将做好的饼炸至酥脆即可。

港式玉米饼

材料

玉米粉、糯米粉、玉米粒各100克，豌豆30克，清水适量

调料

花生油、白糖各适量

做法

❶ 将玉米粉、糯米粉、白糖、清水和匀成面团；玉米粒、豌豆洗净备用。

❷ 将面团搓成长条，下成面剂，压成饼状，再包入玉米和豌豆，做成玉米饼。

❸ 蒸笼上刷一层油，放入玉米饼蒸10分钟后取出，再入油锅煎至两面金黄即可。

广式葱油饼

材料

面粉150克，葱20克，白芝麻15克，清水适量

调料

食盐、味精各3克，花生油适量

做法

❶ 葱洗净切末；面粉加入清水、食盐、味精和成面团。

❷ 将面团揉匀，擀成薄面皮，刷一层油，撒上葱花，从边缘折起，再捏住两头盘起，将剂头压在饼下，用手按扁后擀成圆形，撒上白芝麻。

❸ 油锅烧热，放入备好的材料炸至稍黄，装盘即可。

广式豆沙饼

材料

糯米粉200克，豆沙30克，鸡蛋2个，清水适量

调料

白糖10克，花生油适量

做法

❶ 鸡蛋磕入碗中搅散；糯米粉、鸡蛋液加白糖、清水和成面团。

❷ 将面团用擀面杖擀成面皮，包上豆沙后折起，压成饼状。

❸ 油锅烧热，放入备好的材料煎熟，取出切块即可。

六合贴饼子

材料

玉米粉、面粉、奶粉、大米粉、绿豆粉、黄豆粉各50克，蛋液50毫升，清水适量

调料

白糖10克

做法

❶ 玉米粉、面粉、奶粉、大米粉、绿豆粉、黄豆粉混合均匀，再放入鸡蛋液、白糖、清水和成面糊。

❷ 将面糊放入模型中，做成圆饼状再取出。

❸ 将做好的饼放入电饼铛中烙至两面呈金黄色即可。

萝卜丝酥饼

材料

面粉30克，白萝卜50克，清水、黄油各适量

调料

食盐3克，花生油适量

做法

❶ 面粉、黄油加入清水和匀成面团；白萝卜去皮洗净后切碎，加入食盐炒熟成馅料。

❷ 将面团揉匀，擀成薄面皮，折叠成多层后切成方块，包入馅料，捏成形。

❸ 油锅烧热，放入备好的材料炸至酥脆即可。

奶香瓜子饼

材料

葵花子仁30克，面粉80克，奶油20克，樱桃、清水各适量

调料

白糖适量

做法

❶ 面粉加入清水调匀，再加入白糖、奶油搅至白糖全部溶化，制成面团。

❷ 将面团分成大小均匀的等份，搓成圆形，再裹上一层葵花子仁。

❸ 将制好的饼坯放入模子中，入烤箱烤熟，取出码盘，加樱桃点缀即可。

萝卜丝芝麻酥饼

材料

面粉300克、清水、黄油、白萝卜各适量

调料

花生油、白芝麻各10克，食盐适量

做法

❶ 白萝卜去皮切丝，入盐水腌渍，捞起沥干。

❷ 一半面粉加入黄油、清水，和成水油皮后静置，剩余面粉加入黄油和成油酥。

❸ 用水油皮包裹油酥，收口朝下擀开，翻折再擀，重复几次。

❹ 将面团分成6等份，中间包入白萝卜丝，搓成长条形，一面沾上芝麻，入油锅中炸至表面金黄即可。

缠丝牛肉焦饼

材料

生牛肉50克，面粉300克，清水适量

调料

食盐3克，老抽10毫升，葱末5克，花生油适量

做法

❶ 生牛肉洗净切碎，与食盐、老抽、葱末一起拌匀做成馅备用。

❷ 面粉加入适量清水和成絮状，再揉匀成面团，搓成条，分成小剂，再切成丝状。

❸ 将丝状面团擀扁，包入牛肉馅，并将饼面旋成丝状，放入油锅煎熟即可。

大红灯笼肉饼

材料

面粉300克，猪瘦肉100克，清水适量

调料

食盐3克，葱10克，姜12克，花生油适量

做法

❶ 猪瘦肉洗净剁末，葱、姜洗净切末，再将猪瘦肉、食盐、葱末、姜末拌匀做馅。

❷ 面粉加入适量清水揉匀，用擀面杖擀成面皮，再包入肉馅，卷起。

❸ 油锅烧热，放入肉卷，煎至两面金黄，起锅，切成若干份即可。

吉士香南瓜饼

材料

面粉300克，南瓜60克，吉士80克，椰糠、朱古力屑各少许，清水适量

调料

花生油、香油各适量

做法

❶ 南瓜洗净，煮熟后捣成泥；面粉加入适量清水拌匀，再加入香油、南瓜泥揉匀成面团。

❷ 将面团搓成条，切成6个剂子，再擀扁，包入吉士后做成饼。

❸ 油锅烧热，放入南瓜饼，炸至呈金黄色，起锅装盘，撒上椰糠、朱古力屑即可。

香酥饼

材料

精面粉200克，红豆沙100克，白芝麻10克，清水适量

调料

白糖20克，熟猪油20克，清油10毫升，花生油适量

做法

❶ 将花生油和白糖同适量清水混合，倒入150克面粉中和成面团；在10克猪油中加入50克面粉，再加入清水和匀。

❷ 将两团面分别搓成长条，下成面剂，猪油面团擀片，包入清油面团中，再包入豆沙。

❸ 沾上芝麻，擀成椭圆形，放入烧热的油锅中煎至两面金黄即可。

芹菜馅饼

材料

面粉350克，芹菜90克，生猪肉80克，酵母适量

调料

食盐、味精各4克，花生油适量

做法

❶ 将生猪肉和芹菜洗净，切碎，加入食盐、味精调味，做成馅料。

❷ 面粉加入酵母、适量清水后擀成面团，分成两个饼，中间包入馅，再将两个饼的两边压紧，做成大饼。

❸ 放入锅中煎至两面金黄即可。

烙葱花饼

材料

面粉150克，清水适量

调料

葱花15克，花椒粉5克，牛油50毫升，食盐3克

做法

❶ 在面粉中加入清水、牛油、食盐，揉成面团。

❷ 下成大小均匀的剂子，将面团按扁。

❸ 用模具压成形，再在饼上刻花。

❹ 放入电饼铛中稍烙至一面微黄，取出。

❺ 撒上花椒粉，然后再放入电饼铛中烙成两面呈金黄色。

❻ 取出，撒上葱花即可。

东北春饼

材料

面粉500克，黄瓜200克，猪肉末50克，东北大酱100克，清水适量

调料

大葱50克

做法

❶ 黄瓜洗净切细条，大葱择洗净切丝，肉末过油后和东北大酱调匀成炸酱备用。

❷ 将面粉加入少许清水，和成面团，搁置5分钟，分成小块，擀成薄皮。

❸ 平锅上火，放入面皮，烙熟，取出，包住黄瓜、大葱、炸酱即可。

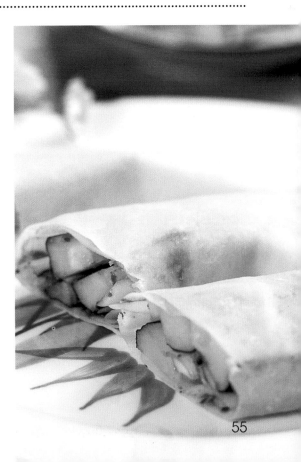

锅巴藕饼

材料

嫩藕500克，锅巴250克，猪五花肉80克，鸡蛋黄适量

调料

食盐、味精、白糖、料酒、淀粉、香油、花生油、葱花、姜末、老抽各适量

做法

❶ 藕洗净，切略厚的片；猪五花肉洗净剁成馅，并调入食盐、味精、白糖、料酒、老抽拌匀，待用；锅巴压碎。

❷ 藕片两面抹上肉馅，拍干淀粉，刷蛋黄，沾上炸好的锅巴碎，做成藕饼。

❸ 锅中注油，烧至四成热，放入藕饼，炸至熟，捞出待用。

❹ 锅用香油滑热，煸香葱、姜，倒入藕饼，轻翻几下，出锅即可。

葱油大饼

材料

面粉500克，葱50克，泡打粉、酵母各10克，清水适量

调料

食盐5克，香油10毫升，白糖50克，花生油适量

做法

❶ 面粉加入酵母、泡打粉、白糖、清水和成面团，下剂，按扁，擀成长条形，刷上香油，做成面皮。

❷ 将葱洗净，切碎，撒在面皮上，再加适量食盐，将面皮卷起来。

❸ 取一张面皮将卷好的面皮包起来。

❹ 擀成大饼形，醒发30~50分钟。

❺ 蒸10分钟左右，取出。锅中注油，烧至200℃时，放入大饼炸至两面呈金黄色即可。

金牌南瓜饼

材料

南瓜300克,糯米粉适量,面包糠200克,奶酪粉、三花淡奶各30克,花生油适量

调料

白糖150克

做法

❶ 将南瓜去皮洗净,煮熟成泥,去水。

❷ 在南瓜泥中加入糯米粉、白糖、奶酪粉、三花淡奶拌匀,做成饼状。

❸ 裹上面包糠,将油烧至四成热,把饼放入油锅炸熟即可。

黄金油饭饼

材料

米饭、面粉各250克,鸡蛋2个,开水适量

调料

食盐、味精各2克,胡椒粉1克,葱花少许,花生油适量

做法

❶ 锅中注油烧热,打入1个鸡蛋煎熟,再倒入米饭和所有调味料一起炒香,盛出。

❷ 面粉内加入另一个鸡蛋,用开水烫匀后揉成面团,再搓成长条,下成20克一个的面剂,再用擀面杖擀成薄片。

❷ 取一张面皮,里面包入炒好的米饭,将面皮对折包好,入煎锅中煎至呈金黄色即可。

火腿玉米饼

材料

火腿80克，玉米粉50克，面粉150克，清水适量

调料

食盐2克，白糖10克，黄油25克，花生油适量

做法

❶ 将火腿洗净切粒。

❷ 面粉内加入玉米粉、黄油、食盐、白糖，再加入适量清水。

❸ 拌匀成面糊，用模具压成形。

❹ 倒入煎锅内煎至半熟。

❺ 撒上火腿粒，稍压紧。

❻ 煎至两面金黄，取出即可。

羊肉馅饼

材料

羊肉馅、面粉各300克，清水适量

调料

食盐3克，味精、花椒粉各3克，干辣椒粉5克，葱花少许，花生油适量

做法

❶ 面粉加入清水和好，做成面皮。

❷ 羊肉馅加调味料拌成馅，用面皮把馅包好。

❸ 在锅中用小火煎至呈金黄色即可。

河套蒸饼

材料

面粉500克，酵母粉2克，清水适量

做法

❶ 面粉加酵母粉、适量清水揉成面团。

❷ 将面团做成饼，醒发一会儿。

❸ 将面饼入蒸笼蒸熟即可。

莲蓉酥饼

材料

莲蓉60克，酥饼皮3张，蛋液适量

做法

❶ 莲蓉分成3等份；取一张酥饼皮，放入1份莲蓉。

❷ 将饼皮放在虎口处逐渐收拢，将剂口捏紧。

❸ 用手掌按扁。

❹ 均匀地刷上一层蛋液。

❺ 放入烤盘中，送入烤箱。

❻ 用上火150℃、下火100℃的炉温烤12分钟即可。

香葱煎饼

材料

面粉300克，猪五花肉350克，葱末30克，泡打粉7克，清水适量

调料

食盐3克，味精2克，香油8毫升，花生油适量

做法

❶ 将面粉、泡打粉、清水、食盐揉成面团发酵，下剂备用。

❷ 猪五花肉去皮剁碎，调味，加入葱末，制成肉馅。

❸ 将面团擀薄，包入肉馅，擀成煎饼状。

❹ 将生坯放入煎锅摊平，煎至两面金黄即可。

紫薇煎饼

材料

糯米粉500克，红薯200克，清水适量

调料

白糖适量

做法

❶ 将红薯去皮洗净，切成粒。

❷ 在糯米粉中加入切好的红薯粒。

❸ 加入白糖，再加适量清水。

❹ 将所有材料拌成面糊。

❺ 煎锅放一模具，加入热油，取适量面糊倒入模具内。

❻ 煎至两面金黄即可。

牛肉飞饼

材料

牛肉末20克，面团100克，椰浆8克，炼乳10克，蛋液30毫升

调料

食盐2克，咖喱粉3克，葱末、花生油各适量

做法

❶ 牛肉末放入碗中，调入调味料，拌匀后腌5分钟。

❷ 在面团上抹上一层花生油，按压成圆形。

❸ 铺上腌好的牛肉末，将面皮对折压紧。锅中油烧热，放入饼坯，煎至金黄色，切块即可。

西北煎饼卷菜

材料

精面粉200克，土豆100克，青椒、红椒各50克，卤猪肉100克，葱20克

调料

食盐5克，花生油30毫升

做法

❶ 土豆、青椒、红椒洗净切丝，和食盐炒匀，卤猪肉切末；葱洗净切葱花。

❷ 面粉加入清水和好，下锅煎成薄饼，加入葱花、青椒、红椒、土豆丝和食盐炒匀。

❸ 将炒好的土豆丝和肉末拌匀，放在饼上卷起即可。

红薯豆沙煎饼

材料

红豆300克，白糖100克，红薯400克，淀粉2克，奶油10克，清水适量

调料

花生油适量

做法

❶ 红豆浸泡，沥水后放入锅中，加入清水煮软，取出加入白糖，晾凉后即为红豆沙。

❷ 红薯放入烤箱中，用180℃的炉温烤30分钟，取出压成泥，加入淀粉、奶油揉成团。

❸ 包入豆沙馅，捏紧成五角星形，放入锅中煎至酥黄即可。

黄金牛肉夹饼

材料

面粉500克，生牛肉100克，白糖50克，酵母10克，熟芝麻50克，清水适量

调料

香菜10克

做法

❶ 面粉加入酵母、白糖和清水，揉成面团，按扁，沾上芝麻，醒发半小时后，蒸5分钟。

❷ 将面饼平切至2/3处，煎至金黄色。

❸ 将牛肉卤好，切片，和香菜拌匀，做成馅料，放入切口内，再在面饼上沾上熟芝麻即可。

鸡肉大葱窝饼

材料

鸡肉50克，糯米粉150克，面粉20克，清水适量

调料

食盐3克，白糖8克，蚝油少许，大葱15克，花生油适量

做法

❶ 鸡肉切丝，葱切丝。

❷ 将切好的材料放入锅中炒熟，再加入食盐、白糖、蚝油一起炒匀。

❸ 糯米粉、面粉加入清水和匀，擀成皮，再将面皮切齐，入锅煎至金黄色。

❹ 饼皮平铺，放馅料再对折卷起，切去头尾，从中间切开即可。

燕麦蔬菜饼

材料

鸡蛋2个，面粉150克，燕麦片80克，芝麻（烤熟）、胡萝卜20克

调料

白糖100克，青葱末20克

做法

❶ 鸡蛋打散，胡萝卜洗净切碎。

❷ 面粉中加入蛋液、燕麦片、胡萝卜丁、芝麻、葱末拌匀，装入袋中，挤成圆球状，入烤箱烤20分钟即可。

土豆可乐饼

材料

土豆200克，西红柿1个，玉米粒25克，洋葱1个，面包屑适量

调料

食盐3克，花生油适量

做法

1. 西红柿入滚水中焯烫去皮，切丁；洋葱切末，与土豆入锅中炒软，压成泥状，再加入玉米粒、西红柿丁、食盐拌匀。
2. 捏成扁椭圆状，裹一层面包屑，放入油锅中炸至呈金黄色，捞起沥干油分即可。

萝卜干煎蛋饼

材料

萝卜干50克，淀粉8克，鸡蛋4个

调料

食盐2克，味精1克，花生油适量

做法

1. 萝卜干洗净切碎，加入鸡蛋、味精、淀粉打散，调味。
2. 用油滑锅，将蛋液在锅中摊成饼。
3. 煎至两面金黄即可。

红豆酥饼

材料

煮熟的红豆50克，水油皮60克，油酥30克，蛋液5毫升

调料

白糖10克

做法

❶ 红豆放入碗中，调入白糖，用勺子压成泥。

❷ 将水油皮、油酥做成饼皮后，包入红豆馅料。

❸ 将饼皮捏起，按扁、刷上一层蛋液，放入烤盘中，入烤箱，用150℃炉温烤12分钟即可。

火腿萝卜丝酥饼

材料

油皮、油酥各300克，白萝卜750克，火腿末20克

调料

食盐3克，葱末、姜末各2克

做法

❶ 萝卜洗净刨丝，用盐腌5分钟，冲洗后挤干水；萝卜丝、火腿末、葱末、姜末加入食盐拌匀成馅料。

❷ 取油皮，包入油酥，擀成条，卷成圆柱状。

❸ 取做好的油酥皮，擀成圆片，包好馅料，入烤箱用220℃的炉温烤20分钟即可。

紫菜饼

材料

奶油50克，糖粉50克，鲜奶100毫升，低筋面粉150克，奶粉100克，紫菜30克

调料

食盐、鸡精各2克

做法

❶ 把奶油、糖粉、食盐混合拌匀。

❷ 分数次加入鲜奶，完全拌匀至无液体状。

❸ 加入低筋面粉、奶粉、紫菜碎、鸡精，拌匀拌透。

❹ 取出，搓成面团。

❺ 擀成厚薄均匀的面片，再分切成长方形饼坯。

❻ 放在垫有高温布的钢丝网上。

❼ 入炉，以160℃的炉温烘烤。

❽ 烤约20分钟，待完全熟透后出炉，冷却即可。

香葱曲奇

材料

低筋面粉175克，奶油20克，糖粉30克，液态酥油50毫升，清水45毫升

调料

食盐3克，鸡精2.5克，葱花3克

做法

❶ 把奶油、糖粉、食盐倒在一起，先慢后快，打至呈奶白色。

❷ 分次加入液态酥油、清水，搅拌均匀至无液体状。

❸ 加入鸡精、葱花拌匀。

❹ 加入低筋面粉拌至无粉粒。

❺ 装入已放了牙嘴的裱花袋内，挤成大小均匀的曲奇饼干形状。

❻ 入炉，以160℃的炉温烘烤约25分钟，完全熟透后出炉，冷却即可。

乳香曲奇饼

材料

奶油50克，糖粉40克，液态酥油50毫升，南乳10克，中筋面粉150克，清水40毫升

调料

食盐2.5克，鸡精2.5克，五香粉2克

做法

1. 把奶油、糖粉混合，先慢后快，打至呈奶白色。

2. 分次加入液态酥油、清水搅拌均匀。

3. 加入食盐、鸡精、五香粉、南乳后拌透。

4. 加入中筋面粉拌至无粉粒。

5. 装入有大牙嘴的裱花袋，挤成大小均匀的曲奇饼干状。

6. 入炉，以150℃的炉温烘烤，约烤25分钟，待完全熟透后出炉，冷却即可。

手指饼干

材料

鸡蛋2个，低筋面粉80克，香草粉5克

调料

白糖65克，食盐适量

做法

❶ 低筋面粉和香草粉混合，过筛两次备用。

❷ 蛋白与蛋黄分开，取20克白糖与蛋黄搅拌至糖溶解备用。

❸ 取白糖、食盐与蛋白打匀，加蛋黄液，再加入过筛的粉类轻轻拌匀成面糊，装入挤花袋中，在烤盘上挤成条状，放入烤箱，以180℃的炉温烤约20分钟至表面呈金黄色即可。

PART2

酥、卷、糕

酥、卷、糕是面食中颇受大家欢迎的品种，它们既可作为正餐食品供给人们享用，又可作为小吃、点心用来调剂口味，不仅作为食品提供人们物质上的满足，还可作为艺术品给人们以精神上的享受。

豆沙扭酥

材料

豆沙250克，蛋黄1个，面团、酥面各125克

做法

1. 将面团擀薄，酥面擀成面片一半大小。
2. 将酥面片放在面片上，对折起来后擀薄。
3. 再次对折起来擀薄。
4. 将豆沙擀成面片一半大小，放在面片上对折轻压一下。
5. 切成条形，再拉住两头旋转，扭成麻花形。
6. 在表面均匀刷上一层蛋黄液。
7. 放入烤箱中烤10分钟，取出即可。

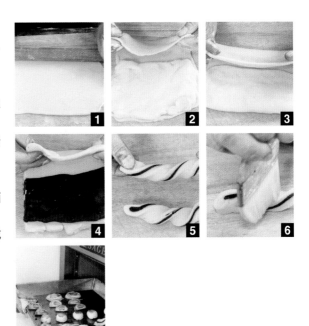

鸳鸯芝麻酥

材料

面粉500克，鸡蛋1个，生猪肉200克，香菜30克，马蹄20克，芝麻、淀粉、清水各适量

调料

白糖、熟猪油、食盐、鸡精、花生油、胡椒粉、香油各适量

做法

1. 面粉过筛开窝，加入白糖、熟猪油、鸡蛋、清水拌至糖溶化。
2. 将面粉拌入搓匀，搓至面团纯滑。
3. 用保鲜膜包好，松弛约30分钟。
4. 将面团分切成约30克/个，将面皮擀薄备用。
5. 馅料部分的材料洗净，切细混合拌匀。
6. 将馅料包入面皮，然后将收口捏紧。
7. 沾上芝麻，稍作松弛，以150℃油温下锅炸至呈浅金黄色即可。

天天向上酥

材料

面粉1000克，猪油400克，鲜虾适量，鸡蛋1个，清水250毫升

调料

白糖15克

做法

① 面粉加清水混合。

② 拌匀搓至面团纯滑备用。

③ 面粉开窝，拌入其余材料。

④ 将面粉拌入再搓至面团纯滑。

⑤ 用保鲜膜包好面团，松弛30分钟。

⑥ 将水皮面团擀开，包入擀开的油心面团。

⑦ 擀成长圆形，折三折，松弛后继续擀开折叠。

⑧ 静置1小时后用擀面杖将皮擀薄。

⑨ 用切膜压出酥坯。

⑩ 用稍小的切膜压出酥坯，去掉实心部分。

⑪ 酥坯刷上蛋液后将空心的酥坯放在表面对齐。

⑫ 入炉烘烤至金黄，待凉后放上烫过的白灼虾装饰即可。

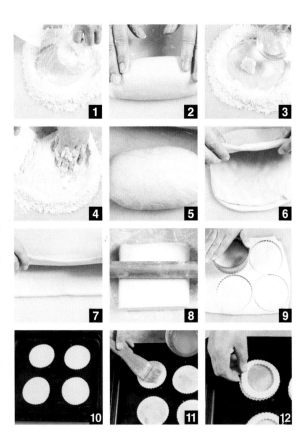

火腿蛋卷

材料

火腿50克，鸡蛋2个，面粉150克

调料

食盐少许，花生油适量

做法

❶ 火腿洗净切粒，同鸡蛋、面粉、食盐搅拌均匀。

❷ 平底煎锅内注油，将已拌匀的鸡蛋液摊成薄饼。

❸ 卷成卷，切段装盘即可。

金银丝卷

材料

面粉500克，奶酪粉2克，清水适量

调料

白糖50克

做法

❶ 面粉加奶酪粉和清水，揉拌成发面团；取出2/3的面团，擀成薄皮，切成丝，把丝揉成条状，待用。

❷ 将1/3的面团擀成约2厘米厚的皮，和入丝条，做成长条形面包状，醒发。

❸ 醒发后放在笼内，上大火，用沸水蒸8分钟即可。

麻花酥

材料

面粉350克，巧克力屑、熟猪油、清水、椰糠各适量

调料

白糖、花生油各适量

做法

1. 面粉、白糖加清水、花生油搅匀，制成水油面团；面粉、白糖加熟猪油搅匀，制成干油酥。
2. 水油面团包入干油酥后，擀成长方形薄皮，薄皮对折再擀平，切成小段长方形。
3. 在小段中间切出小口子，从切口处向外翻出，即成生坯，将生坯炸至酥层散开，再撒上巧克力屑、椰糠即可。

玫瑰酥

材料

面粉350克，玫瑰15克，清水适量

调料

冰糖、白糖、红糖各15克，花生油适量

做法

1. 面粉、白糖、花生油、水揉成水油面团；面粉、白糖、花生油搓成干油酥面团；玫瑰切碎，冰糖砸碎，与白糖拌成水晶馅。
2. 水油面、干油酥面掐成剂子，干油酥包入水油面中，擀长后叠拢，反复两次制成酥皮。
3. 水晶馅包入酥皮内捏成圆形，划细条形，炸至花瓣绽开后捞出，刷上红糖即成。

贝壳酥

材料

面粉350克，可可粉15克，蛋液50克，清水适量

调料

白糖50克，花生油适量

做法

❶ 面粉加入花生油、白糖搓成面团；取面粉加入花生油、白糖、清水和成水油酥面团，醒透揉匀。剩余面粉加入花生油、清水、可可粉和成可可水油面团。

❷ 面团醒透，用水油面包入干油酥、可可水油面团，收口朝上，擀薄皮。

❸ 在薄片中间刷上一层蛋液，叠制成贝壳形生坯，入烤箱烤至金黄后取出即可。

榴莲酥

材料

面粉300克，鸡蛋1个，榴莲肉100克，黄油150克，熟猪油100克，熟芝麻40克，清水适量

调料

白糖15克，蜜糖适量

做法

❶ 面粉加入清水、白糖、鸡蛋揉成水皮，黄油、熟猪油、面粉揉成酥心，然后将水皮和酥心一起揉成酥皮。

❷ 将酥皮擀开，放入榴莲肉包好，再放入预热过的烤箱，烤香后取出，最后扫上蜜糖，撒上熟芝麻即可。

甘露酥

材料

葵花子仁、核桃仁、黄油各50克，红豆沙200克，面粉300克，发酵粉3克，清水适量

调料

白糖20克

做法

❶ 面粉加入清水、白糖、发酵粉、黄油和好，揉成光滑的面团，放置半小时后分成两份面团，再将两份面团分别擀成圆形面团。

❷ 在两片圆形面团中间夹上红豆沙，用铲子推平，再在面团上放上葵花子仁、核桃仁。

❸ 放入烤箱，烤好后取出，切块即可。

大拉酥

材料

面粉300克，黄油50克，芝麻80克，清水适量

调料

白糖30克

做法

❶ 面粉、白糖、黄油加水和匀，揉成光滑的面团，放置半小时。

❷ 将面团分成小剂子，再擀成椭圆形，然后在两端分别均匀地沾上黑芝麻和白芝麻。

❸ 放入烤箱，以炉温180℃烤15分钟，取出即可。

核桃枸杞蒸糕

材料

核桃仁50克，枸杞子5克，糯米粉200克，清水适量

调料

白糖20克

做法

1. 核桃仁切小片。
2. 糯米粉加入适量清水拌匀，加白糖调味。
3. 蒸锅加水煮开，将调好味的糯米粉移入其中蒸约10分钟，再将核桃仁、枸杞子撒在糕面上；继续蒸10分钟即可。

花生酥

材料

油酥30克，花生米50克，水油皮60克

调料

白糖10克，花生酱10克，花生油适量

做法

1. 花生米炒熟，去皮碾碎，放入碗中，调入白糖、花生酱拌匀。
2. 取一张酥皮放入制好的花生馅料。
3. 将放好馅料的饼皮转于虎口处，用右手拇指和食指将饼皮边缘收紧；将收紧的剂口向下压，按成饼状。
4. 锅中注油，用中火烧至70℃，放入做好的饼坯，不停翻动，煎至两面金黄，捞出沥油即可。

龙眼酥

材料

面粉250克，芝麻60克，熟面粉20克，熟猪油、清水各适量

调料

芝麻酱各20克，白糖15克，花生油适量

做法

1. 面粉、白糖、花生油、清水搅匀，揉成油皮；面粉与猪油拌匀为油酥；将油皮包入油酥，擀成牛舌形，对折后再擀成薄面皮，由外向内卷成圆筒，切成面剂。
2. 芝麻炒熟，捣成末，与白糖、芝麻酱、熟面粉、花生油揉匀成馅。
3. 面剂竖立按成酥纹在上圆皮上，包入馅，封口朝下，入油锅炸熟，沥油即可。

顶花酥

材料

面粉200克，熟芝麻10克，熟猪油、清水各适量

调料

白糖15克，花生油适量

做法

1. 一部分面粉加入熟猪油、白糖搓揉成干油酥面团，剩余面粉加入花生油、白糖、温水和成水油酥面团，醒透揉匀。
2. 把干油酥包入水油酥内，稍按，掐成小剂子，再揉成椭圆形饼状。
3. 在面饼上撒上黑芝麻，再放入烤箱中，以炉温150℃烤熟即可。

苹果酥

材料

苹果 1 个，面粉200克，白芝麻、清水各适量

调料

白糖15克，杏子酱20克

做法

1. 苹果去皮洗净，入锅中煮软，打成泥，再与面粉、白糖注入适量清水揉匀。
2. 将揉匀的面团用擀面杖擀成一张饼状，再将杏子酱涂抹在饼上，最后撒上白芝麻，放入烤箱中烤30分钟。
3. 取出，切成合适大小，排于盘中即可。

荷花酥

材料

油心面团、油皮面团各150克，豆沙馅150克

做法

1. 取一份油皮小面团，压扁后放上一份油心小面团，用油皮将油心包好，擀成椭圆形，由下至上卷起，静置10分钟后再擀开，卷起后按扁，擀成圆形，放入适量豆沙馅包好，收口朝下。
2. 在包好的面坯上用小刀划出5个花瓣，深度以能看见馅心为宜，全部处理好后放入铺好锡纸的烤盘中，烤熟即可。

蝴蝶酥

材料

面粉100克，奶油20克，蜂蜜25克，豆沙馅50克，蛋黄液30克，清水适量

调料

白糖15克

做法

❶ 用清水将白糖化开，再加入奶油和面粉进行揉搅。

❷ 将面团揪剂擀成皮，包上豆沙馅，封严口子，再将包好的半成品擀成薄圆饼，用刀切成四条，摆成蝴蝶状，最后把四条面相互粘牢，呈皮馅分明的蝴蝶状。

❸ 在面团上淋上蜂蜜，刷上蛋黄液，烤熟即可。

三丝炸春卷

材料

春卷皮4张，胡萝卜丝、猪肉丝、木耳丝各20克

调料

花生油、熟猪油各适量，食盐3克，味精2克

做法

❶ 将食盐、味精与胡萝卜丝、猪肉丝、木耳丝放在一起拌匀。

❷ 在春卷皮内加入拌好味的三丝，再从两端将春卷皮包起来。

❸ 卷成筒状，在封口处的面皮上涂上熟猪油，封好口，再放入油锅中炸至呈金黄色即可。

肉松酥

材料

面皮料（面粉80克，清水适量），酥心料（面粉60克），烤紫菜1张，肉松、蛋黄液、白芝麻各60克

做法

① 将面皮料与酥心料分别和成面皮、酥心，用面皮包酥心制成酥皮；烤紫菜洗净切条。

② 酥皮用擀面杖擀开，对折再擀，重复几次，再在擀好的面团中包入肉松，分成4等份，搓成长卷，表面刷一层蛋黄液，沾上芝麻。

③ 肉松酥入烤箱烤至酥脆，盛盘，铺上烤紫菜条即可。

蛋黄甘露酥

材料

低筋面粉200克，鸡蛋2个，莲子120克，咸蛋黄1个，发酵粉15克

调料

白糖、黄油、冰糖各15克

做法

① 白糖、黄油先搓透，再加入一个鸡蛋、低筋面粉、发酵粉和匀，擀成坯皮；另一个鸡蛋搅成蛋液。

② 莲子洗净，加入清水、冰糖入高压锅煮熟，捞出用勺压烂，趁热放入咸蛋黄拌匀，揉成馅，做成球形。

③ 用坯皮将馅包住，再在其上刷一层蛋液，放入烤炉里烤熟即可。

月亮酥

材料

面粉300克，熟咸蛋黄150克，豆沙馅200克，清水适量

调料

白糖适量

做法

1 咸蛋黄用豆沙包好。

2 面粉加入清水、白糖调匀成面糊，再掐成小剂子，用擀面杖擀薄，包入豆沙馅，做成球形生坯。

3 生坯上刷上一层蛋液，入烤箱烤熟，取出切开即可。

莲藕酥

材料

中筋面粉、低筋面粉、莲蓉馅各200克，鸡蛋液适量，烤紫菜1张，温水适量

调料

花生油适量

做法

1 低筋面粉加入花生油搓成干油酥面团；中筋面粉加入花生油及温水和成水油酥面团，醒透揉匀。

2 干油酥包入水油酥，擀成长方形，叠三层，再擀成长方形，分成小份，最后刷蛋液摞起来，切成剂子。

3 包入莲蓉馅，卷成圆筒形，再捏成长方形。

4 将烤紫菜切成细长条，系在长方形的两端，使之成莲藕状，炸熟即可。

一品酥

材料

黑糯米150克，清水适量

调料

红糖10克，花生油、脆浆各适量

做法

❶ 黑糯米淘净，打成米浆，用布袋吊着沥水。

❷ 红糖加水拌好，加入沥好水的浆中，充分揉匀，静置半小时。

❸ 分别取适量米浆拍扁，裹上脆浆，入油锅中浸炸至表面变脆，捞起待凉，再切成整齐的条状即可。

富贵蛋酥

材料

鸡蛋3个，面粉150克，枣泥80克，清水适量

调料

白糖15克

做法

❶ 鸡蛋打入碗中，搅拌均匀，入锅中炒熟。

❷ 面粉、枣泥、鸡蛋、白糖和水一起搅匀，倒入方形模具中，放入冰箱中冻硬。

❸ 将蛋酥放入烤箱中，以180℃炉温烤15分钟，取出切块即可。

核桃酥

材料

黄油50克，中筋面粉100克，鸡蛋黄1个，核桃仁30克

调料

白糖15克

做法

❶ 将黄油软化，放入白糖打发，再将面粉加入黄油里。

❷ 将弄碎的核桃仁放入面粉中，搅拌均匀，用保鲜膜盖好，醒发5分钟；将鸡蛋黄打成蛋液备用。

❸ 将面团分成大小均匀的小份，每小份揉成圆球，在中间轻轻按压，做成核桃形。

❹ 刷上蛋液，烤熟即可。

飘香橄榄酥

材料

橄榄100克，酥皮150克，鸡蛋液50毫升，三花淡奶适量，开水适量

调料

白糖适量

做法

❶ 橄榄洗净，取肉切末；酥皮擀薄切开，捏在菊花模型上制成挞皮待用。

❷ 白糖加开水溶化，加入三花淡奶、橄榄末搅匀，再加入鸡蛋液，做成蛋挞水。

❸ 将蛋挞水倒入挞皮中，入烤箱中烤10分钟即可。

豆沙千层酥

材料

面粉、黄油各200克，豆沙60克，芝麻10克，蛋液少量，清水适量

调料

白糖15克

做法

1. 黄油软化，倒入面粉、白糖、清水揉成面团，放半小时，擀成面片。
2. 将黄油切片，包上保鲜膜，擀成薄片，放入冰箱冷藏半小时后取出，放面片中包好，擀成长方形，再重复两次折叠，擀成圆形酥皮。
3. 将豆沙夹在酥皮中，再刷上蛋液，撒上芝麻，入烤箱烤熟即可。

徽式一口酥

材料

腐皮14张，花生200克，芝麻150克，温水适量

调料

白糖15克，花生油适量

做法

1. 将花生、芝麻入热锅中炒香，碾成粉，放入白糖、温水调和均匀成馅。
2. 用腐皮将馅包好，放入油锅中炸至金黄酥脆即可。

菠菜干贝酥

材料

菠菜、干贝各50克，低筋面粉、高筋面粉各100克，黄油适量

调料

食盐、花生油各适量

做法

1. 菠菜洗净，搅打取汁；干贝洗净，加入食盐上锅蒸好。

2. 将高筋面粉、菠菜汁、白糖、黄油揉成油皮，低筋面粉、剩余黄油揉成油酥，然后将油酥包入水油面中，经几次折叠后卷起，擀成长方形后再折叠，最后擀成长方形制成酥皮。

3. 用酥皮将干贝对折包好，炸至酥脆即可。

美味莲蓉酥

材料

莲蓉50克，面粉200克，鸡蛋3个，清水适量

调料

白糖、黄油各15克

做法

1. 取2个鸡蛋打散盛入碗中，再拿一个取出蛋黄待用。

2. 面粉加入适量清水搅拌均匀，再加入莲蓉、打散的鸡蛋、白糖、黄油揉匀，静置15分钟。

3. 取面团捏成圆形，再在上面涂上蛋黄液，装入油纸中，最后放入烤箱烤20分钟，取出即可。

飘香果王酥

材料

榴莲肉30克，面粉50克，葱少许，清水适量

调料

白糖、黄油各15克，花生油适量

做法

1. 将面粉、黄油、白糖加入清水擀成面皮后，对折继续擀匀，重复数次擀成层次状，将皮切条。
2. 榴莲肉切块做馅。
3. 将馅包入面皮中，捏成形，再用葱将两端绑起，放入锅中炸熟，捞起装盘即可。

松仁奶花酥

材料

松仁30克，面粉50克，熟猪油10克，清水适量

调料

白糖、黄油各15克，花生油适量

做法

1. 将面粉、熟猪油、黄油、糖加水擀成面皮后对折，继续擀匀，重复数次擀出层次后，将皮切条。
2. 松仁泡发洗净，放入锅中炒热做馅。
3. 将松仁包入面皮中，捏成形，放入锅中炸至金黄即可。

金香菠萝酥

材料

面粉100克，菠萝50克，清水适量

调料

鸡蛋液15毫升、白糖15克

做法

① 菠萝洗净切丁；面粉加入清水、鸡蛋液、白糖和好，静置一会儿。

② 将面团擀成饼状，再把菠萝丁包入面饼内搓成长条状。

③ 放入烤箱中，以220℃的炉温烤约20分钟，烤至表面金黄即可。

京日红豆酥

材料

油皮（低筋粉150克，炼乳10克，白糖25克，鸡蛋1个），油酥（低筋粉200克），红豆沙60克，蛋黄液20毫升，芝麻10克

做法

① 油皮擀成圆形，放上油酥，搓成长条，擀成长圆片后卷起来，重复几次。

② 用手压平卷好的面皮，擀成椭圆形，再将红豆馅放在面皮中间后捏紧，收口朝下，最后刷上蛋黄液，撒上芝麻，依次摆在烤盘中。

③ 放在预热至200℃的烤箱中烤10分钟即可。

奶香月牙酥

材料

面粉80克，鸡蛋2个，奶油25克，熟猪油、清水、芝麻各适量

调料

白糖15克

做法

❶ 取一容器，将鸡蛋打入搅散，再筛入面粉一起拌匀。

❷ 将奶油、熟猪油、白糖加入步骤1中，加少许清水拌至糖全部溶化，静置20分钟。

❸ 取面团，分成4等份，每份用擀面杖擀成薄片后对折，再擀再折，重复几次。

❹ 将小面团制成月牙形，撒上芝麻，烤熟即可。

桃仁喇叭酥

材料

面粉、核桃粉各50克，蛋清液、牛奶各30毫升，核桃仁30克

调料

红糖15克，花生油适量

做法

❶ 将面粉、核桃粉混合均匀，再加入蛋清液、红糖和牛奶一起搅拌均匀。

❷ 将核桃仁加入步骤1中，搅拌均匀，静置待用。

❸ 取上述面团，切成方片状，入油锅浸炸至表面脆黄，起锅码盘即成。

脆皮三丝春卷

材料

春卷皮适量，芋头1个，猪瘦肉100克，韭黄20克

调料

食盐5克，鸡精、白糖各8克，花生油适量

做法

① 将猪瘦肉、芋头切粒，加入白糖、鸡精、食盐拌匀。

② 加入切成小段的韭黄。

③ 拌至完全均匀备用。

④ 将春卷皮切成长方形。

⑤ 将馅料加入。

⑥ 将两头对折。

⑦ 再将另外两边折起。

⑧ 将馅包紧后整理成方块，再煎熟透即可。

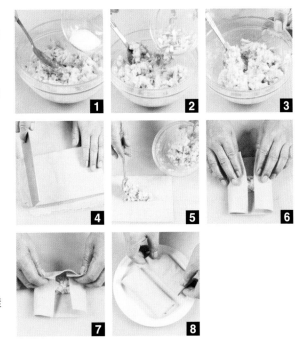

千层莲蓉酥

材料

水皮：面粉500克，鸡蛋1个，糖50克，熟猪油25克，清水150克

油心：牛油300克，熟猪油500克，面粉400克

馅：莲蓉适量

做法

① 油心部分所有材料混合。

② 拌匀搓透备用。

③ 水皮部分面粉开窝。

④ 加入水皮部分的其余各种材料。

⑤ 拌匀后与面粉搓至纯滑。

⑥ 用保鲜膜包好，松弛半小时。

⑦ 将水皮擀开，包入油酥。

⑧ 擀成长方形。

⑨ 两头向中间折成三叠，松弛，继续擀开折叠，反复三次。

⑩ 静置1小时后，用擀面杖将皮擀薄。

⑪ 用切模压出酥坯。

⑫ 包入莲蓉馅。

⑬ 包起成型。

⑭ 将酥饼坯放入烤盘，刷上蛋液，入炉以上火180℃、下火140℃炉温烘烤至金黄熟透后，出炉即可。

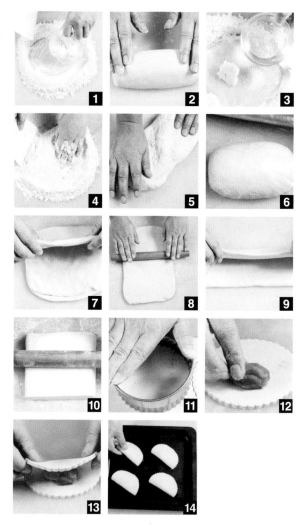

油炸糕

材料

面粉200克，苏打粉10克，清水适量

调料

花生油、白糖、香油各适量

做法

1. 面粉加入适量清水调匀，再加入苏打粉、白糖、香油拌匀成面团，放置30分钟。
2. 将面团捏成丸子大小，锅中注油加热，放入面团炸至发泡。
3. 炸至呈金黄色后，捞起沥干，装入盘中即可。

红豆糕

材料

红豆、面粉各50克，葡萄干20克，薏米、糙米各30克，面粉50克，清水适量

调料

红糖10克

做法

1. 将红豆、葡萄干、薏米、糙米泡洗干净后，加入面粉和少许清水在盆中拌匀。
2. 将所有拌匀的材料放入沸水锅中蒸约20分钟，再焖几分钟。
3. 将蒸好的食物装入模具内，待冷后倒出，切成块即可。

马拉糕

材料

鸡蛋2个，面粉100克，泡打粉4克，小苏打6克，清水适量

调料

奶水、白醋、花生油、白糖各适量

做法

① 将鸡蛋打入容器中，加少许奶水、白醋混合均匀，静置待用。

② 面粉中加泡打粉搅拌，再加入白糖、蛋液、小苏打及适量清水搅匀，随后加花生油继续搅拌成面糊。

③ 将面糊倒入底部铺好纸的椭圆形模具中，再放入烤箱烤至表面金黄即可。

玉米黄糕

材料

玉米粉150克，吉士粉、泡打粉、清水各适量

调料

白糖适量

做法

① 玉米粉加入清水、吉士粉、泡打粉、白糖搅成面团，发酵5分钟。

② 将面团入笼蒸熟后取出，切菱形块即可。

蜜制蜂糕

材料

黏米粉250克，牛奶50毫升，蜂蜜20克，圣女果片10克，鸡蛋2个，清水适量

调料

白糖20克，花生油适量

做法

① 取大碗，放入黏米粉、白糖、牛奶、蜂蜜，加清水搅均匀；取小碗，打入鸡蛋，加花生油搅匀。

② 将小碗的蛋油混合物缓缓注入大碗中，并搅拌均匀，倒入菱形模具中。

③ 静置发酵1个小时后放入蒸笼中，用大火蒸熟，出笼，然后取出模具，放上圣女果片装饰即可。

大枣发糕

材料

玉米粉、面粉各150克，红枣80克，发酵粉10克，泡打粉15克，清水适量

调料

白糖20克

做法

① 将玉米粉、面粉、发酵粉、泡打粉、白糖和清水一起搅成面团，放置醒发；红枣洗净，去核备用。

② 待面团发到原来的一倍大后，在上面撒上红枣。

③ 上锅蒸40分钟取出，放凉后，切成块即可。

黑糯米糕

材料

黑糯米300克，芝麻50克，莲子30克

调料

白糖20克

做法

❶ 黑糯米淘净，用清水泡3小时左右；莲子泡好洗净，去莲心。

❷ 黑糯米中加入芝麻、白糖，拌匀后装入模具中的锡纸杯中，放上莲子，蒸30分钟，取出即可。

双色发糕

材料

糯米300克

调料

白糖、红糖各20克

做法

❶ 糯米泡发洗净，磨出米浆，过滤去除颗粒，分为两份，分别加入白糖、红糖后发酵。

❷ 发酵后，倒入碗中，再将碗放入蒸笼中蒸30分钟。

❸ 取出，分成若干份，排于盘中即可。

玉米金糕

材料

嫩玉米粒、面粉、米粉、玉米粉各50克，吉
士粉、泡打粉各10克，清水适量

调料

白糖20克

做法

❶ 嫩玉米粒洗净。

❷ 将玉米粒、面粉、米粉、玉米粉、吉士粉、
泡打粉、白糖、清水和匀成面团，发酵
片刻。

❸ 将发酵好的面团分装入菊花模具中，上笼
用大火蒸熟即可。

川式芋头糕

材料

芋头200克，糯米粉250克，清水适量

调料

白糖20克，花生油适量

做法

❶ 芋头洗净，放入锅中蒸熟，去皮后捣成
蓉，加入糯米粉、白糖、清水，和成面团。

❷ 将面团擀成大片，再切成大小一致的
方块。

❸ 油锅烧热，放入芋头糕，煎至表面呈金黄
色后铲出，沥干油分即可。

脆皮萝卜糕

材料

萝卜糕150克，鸡蛋1个，春卷皮6张

调料

花生油适量

做法

1. 萝卜糕洗净，切成长条；鸡蛋打入碗中搅匀。
2. 将萝卜糕包入春卷皮中，用蛋液封上接口。
3. 净锅置于火上，注油，烧至七成热时，放入脆皮萝卜糕，炸至呈金黄色后捞出，沥干油分，摆盘即可。

脆皮马蹄糕

材料

马蹄100克，椰汁80毫升，三花淡奶80毫升，马蹄粉100克，清水适量

调料

花生油、芝麻各适量，白糖15克

做法

1. 马蹄洗净去皮后拍碎；将马蹄粉和适量清水调匀成粉浆，平均分为两份备用。
2. 将白糖倒入锅中，加入清水烧开，加入椰汁及三花淡奶，改小火，倒入粉浆，搅拌成稀糊状，加入马蹄搅匀，再注入余下的粉浆搅匀，倒入糕盆内，隔沸水用大火蒸40分钟，取出沾上芝麻，再入油锅中炸熟即可。

莲子糯米糕

材料

血糯米350克，莲子50克，开水适量

调料

碱适量，白糖、麦芽糖各20克

做法

1. 血糯米淘净煮熟；莲子加碱，用开水浇烫，用竹刷搅刷，然后把水倒掉，接着按以上方法重复两次，直到把皮全都刷掉、莲子呈白色时用水洗净，去掉莲心，蒸好即可。

2. 另取一只锅，加入白糖、清水与麦芽糖煮至浓稠状，再将煮好的糯米饭倒入搅匀，铺在抹过油的平盘之中，最后将糯米揉成团状，把莲子放于其上即可。

果脯煎软糕

材料

糯米粉300克，豌豆、红枣、清水、葡萄干各适量

调料

白糖20克，花生油适量

做法

1. 糯米粉加入清水、白糖调和均匀，放入洗净的豌豆、红枣、葡萄干拌匀。

2. 放入蒸锅蒸好取出，晾凉后切块，入油锅煎至两面微黄即可。

五彩椰蓉糕

材料

糯米粉150克，橙粉50克，椰蓉15克，清水、五色果酱各适量

调料

白糖20克，花生油适量

做法

❶ 将糯米粉、橙粉、白糖及花生油放入容器中，加清水调成粉浆。

❷ 将粉浆倒入垫有保鲜膜且刷过油的盘中，上蒸笼蒸10分钟左右，待凉后取出。

❸ 把取出的粘糕放在案板上，分成小块，挤上五色果酱，表面沾上椰蓉即可。

椰蓉南瓜糕

材料

南瓜150克，糯米粉40克，椰蓉30克

调料

白糖8克

做法

❶ 南瓜去皮、去瓤，切成片，入蒸笼中蒸熟后趁热捣成泥。

❷ 在捣碎的南瓜泥中加入糯米粉、白糖拌匀，再加适量清水煮一下，然后熄火，待凝固后，切成方形片。

❸ 分别将南瓜片下入平底锅中煎，待表面脆黄时盛盘，裹上椰蓉即可。

芒果凉糕

材料

糯米粉350克，芒果100克，红豆沙、清水各适量

调料

白糖30克

做法

❶ 将糯米粉加入清水、白糖揉好，上锅蒸熟后取出，晾凉切块；芒果去皮，取肉切粒。

❷ 在糯米粉块中间夹一层红豆沙，放入蒸锅蒸5分钟。

❸ 取出糯米糕，待凉后放上芒果粒即可。

翅粉黄金糕

材料

黄油20克，翅骨粉200克，椰汁240毫升，温水200毫升，木薯粉200克，干酵母4克，鸡蛋150克

调料

食盐3克，白糖10克

做法

❶ 干酵母加温水拌匀成酵母水；翅骨粉、椰汁、食盐调匀，置于火上煮5分钟，放入黄油，熄火放凉后加木薯粉搅匀成椰汁粉浆；鸡蛋、白糖搅匀成蛋浆。

❷ 将椰汁粉浆和酵母水倒入蛋浆内，用打蛋器打5分钟，再发酵成糊浆。

❸ 盘内抹上黄油，倒入糊浆，放入烤箱烤至金黄，取出放凉切片即可。

鸡油马来糕

材料

鸡蛋2个，白砂糖20克，干酵母粉2克，面粉60克，蛋黄粉、鸡油各10克，小苏打粉3克

做法

❶ 鸡蛋打散，加入白糖、清水拌匀，再加入干酵母粉及面粉、蛋黄粉拌匀，略盖，放置1小时使其发酵。

❷ 调入白糖、小苏打粉及鸡油调匀，倒在铺有防粘纸的模盘上。

❸ 入蒸锅，大火蒸约10分钟，放凉即可。

串烧培根年糕

材料

培根80克，年糕120克

调料

蒜末、食盐、辣椒酱、香油各适量

做法

❶ 培根洗净，切成薄片；年糕洗净，切成长条；将蒜末、食盐、辣椒酱、香油调成味汁备用。

❷ 将培根片卷上年糕条，用竹签串好。

❸ 将年糕串放入微波炉中，先以低火预热，再转高火烤几分钟，装盘，淋上味汁即可。

夹心糯米糕

材料

糯米粉100克，豆沙馅50克，椰蓉20克，清水适量

调料

白糖5克，花生油适量

做法

1. 将糯米粉放入容器中，加入清水和好，平铺至盆中，入锅蒸约10分钟。
2. 取适量上述面团，放在手中拍扁，中间放入豆沙馅，裹成长方形，其他面团依此做好。
3. 将裹好的面团入油锅中炸至表面金黄后捞起，裹上椰蓉、撒上糖即可。

黄金南瓜糕

材料

南瓜100克，糯米粉150克，熟猪油适量

调料

白糖5克

做法

1. 南瓜削皮切片，蒸熟后压成泥。
2. 待南瓜泥冷却后加入糯米粉、白糖、熟猪油一起搅拌均匀。
3. 用中火蒸约10分钟，熄火，冷却后切块、摆盘即可。

香煎黄金糕

材料

面粉150克，白糖20克，鸡蛋100克

调料

花生油适量

做法

❶ 鸡蛋打散，将蛋清打成泡糊；将蛋黄、白糖混合，搅拌均匀。

❷ 将面粉加入蛋黄液中搅匀，再倒入泡糊中。

❸ 蒸锅加热，将上述材料入蒸锅蒸10分钟，取出切成片状，再入锅中煎至两面金黄即可。

品品香糯米糕

材料

黑糯米100克，莲子20克，温水适量

调料

白糖30克

做法

❶ 将黑糯米用温水泡发（约2小时）。

❷ 在泡好的糯米中加入白糖，一起搅拌均匀。

❸ 把拌好的糯米分成若干等份，依次装入锡纸杯中，放上莲子，再蒸约30分钟至熟即可。

家乡萝卜糕

材料

黏米粉500克，白萝卜150克，虾米10克，腊肠15克，清水适量

调料

食盐3克，味精2克，白糖20克，花生油适量

做法

❶ 萝卜洗净切丝，虾米、腊肠均洗净切碎；黏米粉内加入所有切好的材料，再加入清水和调味料，一起倒入锅中。

❷ 蒸20分钟至熟，再放入锅中煎至两面呈金黄色，切块即可。

叉烧萝卜糕

材料

黏米粉300克，叉烧肉150克，虾米100克，白萝卜丝350克，清水适量

调料

食盐3克，花生油适量

做法

❶ 叉烧肉切丁；虾米洗净，泡软切末。

❷ 锅中倒入花生油，爆虾米末、叉烧肉丁、白萝卜丝，加入食盐拌炒均匀成馅料。

❸ 黏米粉加清水调匀，用火煮至浓稠糊状，拌入馅料，入蒸笼蒸30分钟即可。

蜂蜜桂花糕

材料

桂花蜂蜜20克，蜜糖适量，琼脂30克

调料

白糖适量

做法

1. 将琼脂放入水中，用小火将其煮烂，再加入白糖煮至白糖完全溶解。
2. 琼脂未完全冷却之时，加入桂花蜂蜜搅拌均匀，然后冷却。
3. 加入少许蜜糖即可。

香煎芋头糕

材料

黏米粉20克，芋头10克，清水适量

调料

味精、白糖、食盐、鸡精、香油、花生油、五香粉、淀粉、粟粉各少许

做法

1. 将黏米粉、淀粉、粟粉加清水调成浆。
2. 将芋头切粒后倒入浆中，与剩余用料一起搅拌，上笼蒸熟。
3. 下入油锅中煎至呈金黄色即可。

芝麻糯米糕

材料

糯米150克，糯米粉、芝麻各20克，清水适量

调料

白糖25克，花生油适量

做法

❶ 将糯米淘洗净，放入锅中蒸熟，取出打散，再加入白糖拌匀，做成糯米饭。

❷ 取糯米粉加入清水开浆，倒入拌匀的糯米饭中，拌好，放入方形盒中压紧成形，再放入锅中蒸熟。

❸ 取出，均匀地撒上炒好的芝麻，再放入煎锅中煎至两面金黄即可。

芋头西米糕

材料

西米150克，鱼胶粉20克

调料

白糖10克，芋头油20毫升

做法

❶ 将鱼胶粉和白糖倒入碗内，再加入芋头油。

❷ 用打蛋器搅拌均匀，做成香芋水。

❸ 取一模具，在其中倒入少许泡好的西米，再倒入拌好的香芋水，然后放入冰箱中，冻至凝固即可。

清香绿茶糕

材料

绿茶粉20克，鱼胶粉20克，开水适量

调料

白糖30克

做法

① 将所有材料放入碗中，再加入适量开水，用打蛋器搅拌均匀，倒入模具中。

② 将拌好的绿茶水倒入模具中，再放入冰箱，冻至凝固即可。

蜂巢糕

材料

面粉30克，泡打粉、可可粉、黄糖粉、蜂花糖浆各5克，清水适量

做法

① 将所有材料放入碗中，加入适量清水，一起拌匀。

② 将拌好的材料倒入模具内。

③ 上笼蒸6分钟，至熟即可。

芸豆卷

材料

白芸豆300克，豆沙50克，碱少许

做法

1. 芸豆去皮，用开水泡一夜后取出，再放在开水锅里煮，加少许碱，煮熟后捞出，用布包好，蒸20分钟，取出，将瓣搅成泥。
2. 取湿白布平铺在案板边上，再将芸豆泥搓成条，放在湿布上，用刀面抹成长方形薄片。
3. 抹上豆沙，顺着长的边缘两面卷起，再切成六七厘米的长段即成。

银丝卷

材料

油酥皮150克，鸡蛋1个，芝麻20克，白萝卜、黄瓜各50克

调料

白糖适量

做法

1. 鸡蛋取蛋黄打散；白萝卜、黄瓜分别洗净切丝，用白糖拌一下。
2. 取一张油酥皮，包入萝卜后卷好，表面刷上一层蛋黄液，撒上芝麻，重复此步骤至材料用毕。
3. 烤箱预热，将卷好的卷放入，烘烤至两面均呈金黄色，装盘即可。

营养紫菜卷

材料
蛋皮50克，面粉100克，清水、紫菜各适量，牛奶20毫升

调料
食盐5克，葱花10克，辣椒末适量

做法
1. 面粉加入清水揉匀，再加入牛奶，调好后静置。
2. 面团中再加入食盐、葱花、辣椒末揉匀。
3. 取适量的面团，压扁，一面铺上紫菜，一面放蛋皮，然后卷起来，入蒸笼蒸熟，再取出切块即可。

脆皮卷

材料
芝麻、花生、杏仁各80克，糯米150克，清水适量

调料
白糖15克，花生油适量

做法
1. 油锅烧热，放入芝麻、花生、杏仁炒香，再放入白糖炒匀，即成馅心。
2. 糯米粉、白糖加入清水搓匀，掐成大剂子，再擀成薄片，包入馅心。
3. 锅中注油，烧至七成热，放入脆皮卷，炸至表面呈金黄色后盛出，沥干油分，切成小块即可。

香酥菜芋卷

材料

发酵面团200克，芋头100克，椰糠10克

调料

花生油适量

做法

① 芋头去皮，洗净切丝。

② 面团放在案板上，搓成长条，再掐成剂子。

③ 将剂子擀成薄片，分别包入芋头丝，制成方块形，然后沾裹些椰糠，入热油锅中炸至两面金黄，盛盘即可。

酥脆蛋黄卷

材料

咸蛋5个，面粉50克，泡打粉10克，蛋黄液20克，清水适量

调料

花生油适量

做法

① 面粉加入适量的清水拌匀，再拌入蛋黄液搅散，最后将泡打粉加入，静置待用。

② 咸蛋煮熟取蛋黄，捣碎成泥。

③ 将蛋黄泥包入醒好的面团中，搓成长卷，再切成大小一致的等份，最后入油锅中浸炸3分钟即可。

蛋煎糯米卷

材料

糯米粉150克，鸡蛋2个

调料

白糖、花生油、蜂蜜各适量

做法

① 糯米粉加入白糖及适量水和匀，揉成糯米面团；鸡蛋打入碗中，搅拌均匀。

② 将糯米面团放入蒸笼中蒸熟后取出，晾凉后制成长饼状。

③ 将糯米团放入鸡蛋液中，入油锅煎熟，蘸以蜂蜜食用即可。

脆皮芋头卷

材料

芋头150克，蛋液50毫升，春卷皮6张，芝麻30克

调料

白糖15克，花生油适量

做法

① 芋头洗净，入开水锅中煮熟，去皮捣成泥，加入白糖拌匀。

② 将芋头泥包入春卷皮中，将春卷皮外部裹上一层蛋液，再裹上白芝麻。

③ 净锅置于火上，注油，烧至七成热，放入芋头卷，炸至呈金黄色后捞出，沥干油分即可。

蛋皮什锦卷

材料

鸡蛋3个，胡萝卜、粉丝各50克，心里美萝卜80克，黄瓜、生菜各适量

调料

食盐4克，花生油适量

做法

1. 胡萝卜、黄瓜、生菜洗净切丝；心里美萝卜洗净，去皮切丝；粉丝用温水稍泡；鸡蛋打入碗中，加食盐搅拌均匀。
2. 油锅烧热，用小火将鸡蛋液摊成蛋皮，然后将处理好的原材料放在一起，滴入香油，用蛋皮包成卷。
3. 将卷放入蒸锅蒸好，取出晾凉，切成段即可。

金穗芋泥卷

材料

芋头400克，面粉300克，芝麻15克，清水适量

调料

花生油、黄油、白糖各适量

做法

1. 芋头洗净，去皮切块，上锅蒸熟，用勺压碎，加入白糖搅拌好，制成芋泥段。
2. 面粉加入食盐、黄油、清水和匀揉捏，放半小时，再在平底锅上涂薄薄的一层油，用小火加热，摊烙成圆形的春卷皮。
3. 在芋泥段两端沾上芝麻，然后下入油锅炸至金黄即可。

糯米卷

材料

糯米100克，香芋半个，花生碎50克

调料

食盐、味精各3克，白糖6克，生抽少许

做法

① 将糯米洗净，入锅中蒸熟。

② 将蒸熟的糯米盛入碗中，加入花生碎。

③ 加入食盐继续拌匀，捏成方块。

④ 将芋头洗净，切成片状。

⑤ 用芋头片将方形糯米块包住，卷好，直至包好糯米。

⑥ 将糯米卷上笼蒸熟即可。

如意蛋黄卷

材料

熟蛋黄8个，猪肥膘肉150克，鸡蛋2个，面包屑200克

调料

白糖50克，淀粉少许，花生油适量

做法

① 熟蛋黄切片待用。

② 猪肥肉切片，撒上一层白糖，放入蛋黄，卷成圆形。

③ 拌上淀粉，挂上鸡蛋糊，滚上面包屑，再下油锅炸至呈金黄色即可。

PART3

其他面点

面点是中国烹饪的主要组成部分，素以历史悠久、制作精致、品类丰富、风味多样著称于世。本章将为大家介绍一些别具风味的面点，如：烧麦、汤圆、糍粑等，相信这些美味一定会满足你的味蕾。

西芹牛肉球

材料

牛肉500克，肥猪肉100克，食粉、清水、西芹各适量

调料

食盐13克，鸡精、白糖、淀粉、花生油各适量

做法

① 牛肉与糖先混合拌透。

② 加入食盐、食粉、鸡精拌匀。

③ 边拌边加入清水。

④ 拌匀后加入肥猪肉粒。

⑤ 倒入淀粉，再加入花生油拌透。

⑥ 西芹洗净，晾干水后铺于碟上。

⑦ 将牛肉滑挤成球状。

⑧ 排于西芹上，入蒸笼用猛火蒸约8分钟即可。

火腿青蔬披萨

材料

中筋面粉600克，干酵母5克，清水、奶油、番茄酱、乳酪丝、罐装玉米粒、罐装鲔鱼、罐装菠萝片、火腿片各适量

调料

食盐、白糖各适量

做法

❶ 干酵母加水拌匀，与面粉、食盐、白糖揉成团，再加入奶油，揉至面团光滑，盖上保鲜膜，20分钟后，取出分成5个小面团，分别揉圆，再松弛8分钟。

❷ 将面团擀成圆片，放入派盘内，刷上番茄酱，撒上乳酪丝，再放入馅料，再撒一层乳酪丝，烤至表面焦黄即可。

薄脆蔬菜披萨

材料

墨西哥饼皮1片，三色甜椒丝30克，蘑菇3朵

调料

番茄酱、乳酪丝各适量

做法

❶ 蘑菇洗净，切小片备用。

❷ 将墨西哥饼皮放入烤箱，以150℃的炉温烘烤2分钟后取出，涂上一层番茄酱，再均匀铺上三色甜椒丝、蘑菇片，撒上乳酪丝。

❸ 将铺好蔬菜的饼皮放入烤箱，以180℃的炉温烤约10分钟，至乳酪丝熔化且饼皮表面呈金黄色即可切片食用。

绿茶布丁

材料

绿茶粉100克，鲜奶450克，布丁粉75克，清水500毫升

调料

白糖400克

做法

❶ 锅中放入清水和糖煮热。

❷ 加入布丁粉，慢慢搅匀。

❸ 加入鲜奶、绿茶粉，搅拌均匀后倒入模具中，整理成形即可。

红糖布丁

材料

鸡蛋2个，红糖20克，牛奶、吉士粉、蜂蜜各适量

做法

❶ 将鸡蛋、牛奶、吉士粉混合，搅匀成蛋浆；红糖加蜂蜜搅匀备用。

❷ 将蛋浆装入模具内，做成布丁生坯。

❸ 烤盘内倒入适量凉水，放入生坯，入烤箱，以150℃炉温烤熟，取出摆盘，再淋上红糖即可。

七彩水晶盏

材料

澄面100克，淀粉400克，清水550毫升，西芹50克，胡萝卜20克，虾仁50克，冬菇30克，云耳30克，生猪肉50克

调料

食盐3克，糖10克，鸡精7克，麻油少许

做法

❶ 清水加热烧开，加入淀粉、澄面。

❷ 将淀粉、澄面烫熟后倒在案板上。

❸ 搓至面团纯滑。

❹ 将面团分切成30克/个的小面团，压薄备用。

❺ 将其余材料洗净切碎、拌匀，制成馅料。

❻ 用薄片包入馅料。

❼ 将包口捏紧成形。

❽ 用大火蒸8分钟即可。

三色水晶球

材料

澄面100克，淀粉、豆沙馅、莲蓉馅、奶黄馅各适量，清水550毫升

调料

白糖少许

做法

❶ 将清水、糖倒入盘中，加热至煮开，加入澄面、淀粉拌匀。

❷ 将面团倒在案板上。

❸ 搓至面团纯滑。

❹ 分切成30克/个的面团。

❺ 将面团压薄。

❻ 用薄皮包入馅料。

❼ 将口收紧，捏成球状。

❽ 排于蒸笼内，用猛火蒸8分钟即可。

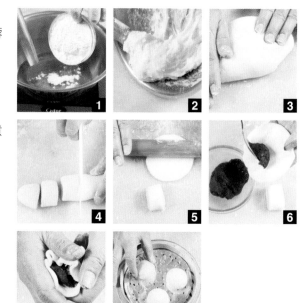

豆沙麻枣

材料

糯米粉500克，豆沙馅250克，澄面150克，熟猪油150克，清水250毫升

调料

白芝麻10克，白糖150克，花生油适量

做法

❶ 将清水、白糖放在一起煮开，再加入糯米粉、澄面。

❷ 将澄面、糯米粉烫熟后倒在案板上搓匀。

❸ 加入熟猪油搓至面团纯滑。

❹ 将面团搓成长条形。

❺ 将面团分切成30克/份，将豆沙馅分切成15克/份。

❻ 将小面团压薄，包入豆沙馅，整理成形。

❼ 沾上芝麻。

❽ 以150℃油温炸至呈浅金黄色即可。

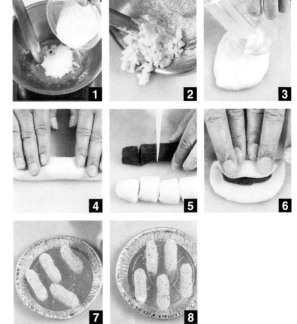

八宝袋

材料

澄面100克，淀粉100克，生猪肉100克，胡萝卜50克，韭菜50克，马蹄肉100克，蟹子、清水、蛋黄粒各适量

调料

食盐5克，白糖9克，鸡精8克

做法

1. 清水煮开后加入淀粉、澄面。
2. 将淀粉、澄面烫熟后取出放在案板上，趁热搓匀。
3. 搓至面团纯滑。
4. 将面团分切成30克/个的小面团，压薄备用。
5. 将原材料洗净切碎，与食盐、白糖、鸡精拌匀成馅料。
6. 用薄皮包入馅料，将口捏紧成形。
7. 排入蒸笼内，用韭菜条缠紧腰口。
8. 表面用蟹子或蛋黄粒装饰，用大火蒸7分钟即可。

黑糯米盏

材料

黑糯米250克，花生油20克，清水200克，红樱桃适量

调料

白糖100克

做法

① 黑糯米洗净，加入清水，用碗盛起，放入蒸笼蒸透。

② 黑糯米取出后加入白糖拌匀。

③ 再加入花生油。

④ 拌至完全混合有黏性。

⑤ 搓成米团状。

⑥ 放入圆盏内。

⑦ 摆放于碟中。

⑧ 用红樱桃装饰即可。

潮州粉果

材料

澄面350克，淀粉、花生、生猪肉、韭菜各150克，白萝卜20克，清水550毫升

调料

食盐4克，鸡精适量，麻油少许

做法

1. 将清水煮开后加入淀粉、澄面。
2. 将淀粉、澄面烫熟后倒在案板上，然后搓匀。
3. 搓至面团纯滑。
4. 将面团分切成30克/个的小面团，压薄备用。
5. 其余材料洗净切碎，与调料一起拌匀成馅料。
6. 用薄皮将馅料包入。
7. 将口捏紧成形。
8. 排入蒸笼内，然后用大火蒸6分钟即可。

凤凰叉烧扎

材料

南瓜、叉烧各100克，鸡蛋1个，粉肠50克

调料

食盐2.5克，鸡精5克，白糖7克，淀粉少许，蚝油3克

做法

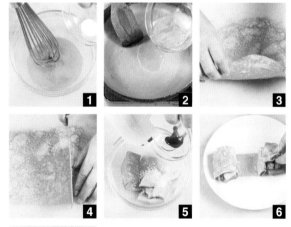

1. 将蛋打散，加入少许食盐拌匀。
2. 将蛋液用不粘锅煎成蛋饼。
3. 将蛋饼取出放在案板上。
4. 分切成长块状备用。
5. 南瓜切块状，蒸约8分钟；粉肠用热水灼至八成熟。
6. 用蛋皮将南瓜条、粉肠、叉烧块包起。
7. 排入蒸笼内，以大火蒸4分钟即可。

核桃果

材料

澄面250克，淀粉75克，麻蓉馅100克，清水250克，可可粉10克

调料

白糖75克，熟猪油50克

做法

① 清水、糖加热煮开，加入可可粉、淀粉、澄面。

② 将上述材料倒在案板上，搓匀后加入熟猪油。

③ 搓至面团纯滑。

④ 将面团分切成30克/份，馅料分切成15克/份。

⑤ 将皮压薄，包入馅料，将包口捏紧。

⑥ 用刮板在中间轻压。

⑦ 用车轮钳捏成核桃形状。

⑧ 均匀排入蒸笼，用大火蒸10分钟即可。

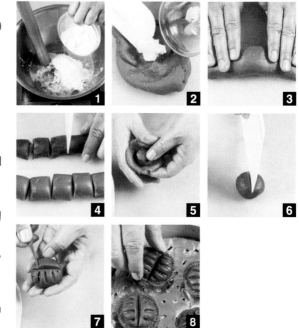

凤凰丝烧卖

材料

烧卖皮、鸡蛋丝、蟹籽、猪瘦肉、肥肉、虾仁各适量，生粉150克

调料

食盐、白糖、熟猪油、香油、鸡精、胡椒粉各适量

做法

1. 猪瘦肉、肥肉切成碎蓉；鲜虾仁加入食盐、白糖、鸡精拌匀。
2. 加入猪油拌匀。
3. 将香油、胡椒粉加入拌匀。
4. 用烧卖皮将馅包入。
5. 将烧卖收紧口子，捏成细腰形。
6. 排入蒸笼内。
7. 以鸡蛋切丝作装饰。
8. 用蟹籽作装饰，用大火蒸8分钟后即可。

七彩银针粉

材料

澄面300克，淀粉200克，清水550毫升，胡萝卜、韭菜、火腿、猪瘦肉各适量

调料

食盐、鸡精、白糖、花生油各适量

做法

① 清水加热煮开，加入澄面、淀粉。

② 将澄面烫熟后倒在案板上搓匀。

③ 搓至面团纯滑。

④ 稍作静置。

⑤ 分切成7克/个的小面团。

⑥ 将小面团搓成两头尖的形状。

⑦ 排入碟内。

⑧ 放入蒸笼，以大火蒸6分钟至熟透，待凉后用洗净的胡萝卜丝、韭菜段、火腿粒、猪瘦肉与各调料炒匀即可。

红糖汤圆

材料

糯米面团250克，红糖100克

做法

① 将糯米面团下剂成小面团，将小面团中间按出凹陷状。

② 放入红糖，用手对折压紧，揉成圆形，即成汤圆生坯，逐个包好。

③ 锅中注水烧开，下入汤圆，待汤圆浮起后，加水煮开，待汤圆再次浮起后即熟。

酥炸芝麻汤圆

材料

芝麻汤圆200克，鸡蛋2个，面包屑适量

调料

食盐3克，鸡精1克，花生油适量

做法

① 鸡蛋取蛋黄，装入碗中搅散，加入食盐、鸡精拌匀，再放入汤圆拌匀。

② 将裹上蛋液的汤圆均匀地沾上面包屑。

③ 净锅入油烧热，放入汤圆，炸至香酥，捞出沥干油分，装盘即可。

江南富贵卷

材料

春卷皮100克，猪肉馅50克，面包糠10克

调料

食盐、味精、香菜、蒜末、花生油、老抽各适量

做法

❶ 肉馅入油锅，加各调料炒香后盛起。

❷ 将春卷皮摊平，放上适量肉馅后包好，再沾裹上面包糠。

❸ 将春卷入油锅，炸至表面金黄后捞起，沥油后切成小段即可。

凉糍粑

材料

糯米100克，芝麻粉、蜜桂花、黄豆各20克

调料

花生油、白糖、食用桃红色素各适量

做法

❶ 把糯米淘洗干净，用温水泡两三个小时，控干水分后装入饭甑内，用大火蒸熟，然后将熟米饭放入容器内，舂成糍粑，用热的帕子搭盖。

❷ 把芝麻粉、蜜桂花、白糖、食用桃红色素拌匀，制成芝麻糖；把黄豆炒熟，磨成粉待用。

❸ 将糍粑晾凉后压平，再把芝麻糖撒在面上，沾裹上黄豆粉，下入油锅炸熟即可。

叶儿粑

材料

糯米粉50克，豆沙馅30克，粽叶适量

做法

❶ 糯米粉加水揉成团；粽叶洗净。

❷ 取适量面团在手里捏成碗状，放入适量豆沙馅，将周边往里收拢，再用双手搓成长条圆球状后用粽叶上包住。

❸ 上蒸锅中用中火蒸6分钟，蒸熟后起锅装盘即可。

枕头粑

材料

糯米100克，黏米50克，粽叶适量

调料

花生油、红糖水各适量

做法

❶ 糯米和黏米洗净，一起加水磨成米浆，然后装进布口袋里滴干，待干成团后取出揉好。

❷ 取适量米浆，用几片粽叶包扎起来，放进蒸笼里蒸熟。

❸ 将粑切成厚片，用少量花生油将之煎熟至起壳，然后浇红糖水再煎，待水分挥发，糖水成胶状附着于粑身即可。

粽叶粑

材料

糯米100克，新鲜竹叶50克，酱猪肉30克，甘蔗水适量

做法

❶ 糯米洗净泡发好，打成浆，用布袋吊着滴干水分；将酱猪肉剁成细末；竹叶洗净。

❷ 在滴干水的面团中加入剁好的酱猪肉及甘蔗水后揉匀。

❸ 取一片洗好的竹叶，包上适量上述面团，包成方形后用细绳捆扎好，入蒸锅蒸约20分钟，蒸至有香味散发出即可。

脆皮糍粑

材料

面粉150克，糍粑50克，面包糠15克，清水适量

调料

白糖15克，花生油适量

做法

❶ 面粉、白糖加水调成面糊；糍粑切成小块。

❷ 将糍粑裹上面糊，拍上面包糠。

❸ 油锅烧热，放入糍粑条，炸至呈金黄色即可。

麦香糍粑

材料

麦片35克，糯米粉150克，温水适量

调料

白糖25克

做法

❶ 糯米粉加入白糖、温水一起揉匀，分别做成球形备用。

❷ 净锅置于火上，烧开水，将糯米团蒸熟制成糍粑。

❸ 取出，在盘里撒上麦片，并使糍粑均匀沾上即可。

蛋煎糍粑

材料

糯米150克，鸡蛋2个，清水适量

调料

食盐3克，白糖15克，花生油适量

做法

❶ 糯米用水淘一遍，再在清水里泡发2小时，上笼蒸熟。

❷ 将蒸熟的糯米舂成泥，做成块状；鸡蛋打入碗中，加入食盐拌匀。

❸ 将糍粑放入鸡蛋液中上浆，入油锅煎至色黄酥脆，装盘后撒上白糖即可。

瓜子糍粑

材料

糯米粉200克，面粉50克，葵瓜子仁100克，清水适量

调料

白糖20克，花生油适量

做法

❶ 将糯米粉、面粉、白糖、清水调和均匀，揉搓成光滑的面团，再加入瓜子仁，揉均匀。

❷ 净锅加水置于火上，将面团蒸熟后取出，晾凉切块。

❸ 油锅烧热，放入瓜子糍粑炸至呈金黄色即可。

宜乡黄粑

材料

糯米250克，黄豆粉50克，面包屑适量

调料

白糖12克，花生油适量

做法

❶ 糯米泡发洗净，入蒸锅中蒸熟，取出放凉。

❷ 将放凉的糯米与黄豆粉、白糖揉匀后切块，再放入油锅中炸至变色。

❸ 将炸好的糯米块滚上面包屑，装入盘中即可。

松仁糍粑

材料

松仁30克，糯米100克

调料

食盐3克，花生油适量

做法

❶ 糯米淘净泡好，上锅蒸熟。

❷ 在干净的器皿上撒些糯米，舂烂，将松仁和食盐加入后和匀。

❸ 分别取约30克的糯米揉搓成小团，再一一拍扁，入油锅中炸熟即可。

农家溪水粑

材料

糯米1000克

调料

白糖、食盐各适量

做法

❶ 糯米淘净，浸泡一晚，沥干水分，上锅蒸熟。

❷ 放到石臼里用木柄石锤舂击，直到看不到饭粒，然后捏成一小团一小团，再压成圆饼状后晾干。

❸ 将糍粑放在火上烤至两面焦黄，即可蘸糖或食盐食用。

虾仁黄瓜烙

材料
黄瓜100克，虾仁30克，面粉50克，清水适量

调料
花生油适量

做法
❶ 面粉加水和好，静置待用；黄瓜去皮洗净，切成细丝。
❷ 在和好的面粉中加入黄瓜丝拌匀，虾仁入油锅炸至表面金黄。
❸ 将拌好的黄瓜丝舀适当的量入勺中，入油锅中炸约3分钟，捞出沥油，切成三角形，铺上炸好的虾仁，摆盘即可。

香煎玉米烙

材料
玉米粒80克，淀粉40克，清水适量

调料
白糖10克，花生油适量

做法
❶ 将玉米粒洗净，沥干水分。
❷ 将淀粉和少量的清水加入玉米粒中拌匀。
❸ 油锅烧热，倒出热油，舀适量拌好的玉米粒在锅中铺平，再倒入热油，手转动锅，使玉米饼凝固，约6分钟后捞出，盛入盘中，撒上白糖即可。

香辣麻花芋条

材料
面粉100克，芋头60克，清水、芝麻各适量

调料
花生油适量，干辣椒10克

做法
1. 芝麻洗净，入锅中炒熟；干辣椒洗净切圈；芋头去皮洗净，切成长度均匀的条；面粉加入清水和好，静置待用。
2. 取适量醒好的面团搓成长条，再拧成麻花状，其余面团依次做好。
3. 油锅烧热，放入麻花，炸至微黄，下入芋头条一起炸至两者表面金黄，捞出沥油。
4. 炒香辣椒圈、芝麻，再倒入麻花和芋头条即可。

安虾咸水角

材料
猪瘦肉100克，糯米粉250克，虾米、冬菇各35克

调料
葱35克，老抽10毫升，食盐、味精各3克，花生油适量

做法
1. 虾米、猪瘦肉、冬菇、葱洗净剁碎，放入老抽、味精、食盐调味，再放入油锅中爆香成馅料，盛出待用。
2. 将水煮沸，放入食盐搅匀，冲入糯米粉中，拌匀后趁热把糯米粉搓成粉团，再切成剂子，捏成团后包入馅料，捏成角状。
3. 将水角下入油锅中炸至表面呈金黄色时捞出即可。

巴山麻团

材料

糯米粉200克，豆沙100克，芝麻50克，巧克力屑15克，清水适量

调料

白糖25克，花生油适量

做法

❶ 糯米粉加清水、白糖揉匀，摘成小剂子；将豆沙、白糖加水搅匀。

❷ 将剂子搓圆，包入少许豆沙馅料，揉成圆形，再在芝麻中滚一下，制成生麻团。

❸ 油锅注油，烧至六成热，放入生麻团，大火炸至呈金黄色后捞出，沥干油分，撒上巧克力屑即可。

驴打滚

材料

糯米粉300克，豆沙150克，熟豆粉50克，温水适量

调料

白糖15克

做法

❶ 把糯米粉用温水和成面团，然后放入刷了油的盘中，再放入锅中，大火蒸10分钟，再用小火蒸5分钟。

❷ 炒锅置于火上，倒入熟豆粉，翻炒至呈金黄色时盛出；豆沙、白糖加清水搅匀待用。

❸ 在案板上撒上熟豆粉，放上糯米面团，擀成大片，再将豆沙抹在上面，卷成卷后切成小段即可。

拔丝鲜奶

材料

面粉250克，牛奶、发酵粉、淀粉、清水、巧克力屑各适量

调料

花生油适量，白糖100克

做法

❶ 面粉加油、清水、发酵粉拌匀，调成糊状即成脆浆。

❷ 把牛奶、白糖、淀粉加水搅匀，倒入锅中，慢慢翻动，使其呈糊状后铲起，制成团状，冷却后放入冰箱，待其变冷，然后裹上脆浆。

❸ 油锅烧热，下入鲜奶炸至呈金黄色后捞出。

❹ 将油加水和糖熬成金黄色，放入炸好的鲜奶块，搅匀后撒上巧克力屑即可。

财源滚滚

材料

糯米粉150克，豆沙馅80克，泡打粉10克，芝麻20克，清水适量

调料

白糖20克，花生油适量

做法

❶ 将糯米粉加入白糖、泡打粉一起倒入盆中，加清水搓揉成面团。

❷ 将面团分成若干等份，搓揉成圆形，中间做一窝状，包入豆沙馅，搓揉成圆形，再滚上芝麻，制成丸子。

❸ 油锅烧热，放入丸子，大火炸至表皮呈金黄色时捞出，沥干油分即可。

半亩地口口香

材料

花生仁、芝麻仁、核桃仁、杏仁、葵瓜子仁各50克，面粉200克，芝麻25克，熟猪油、清水各适量

调料

白糖15克，花生油适量

做法

❶ 花生仁、芝麻仁、核桃仁、杏仁、葵瓜子仁炒熟，去皮后擀碎，加入白糖调成馅料。

❷ 将面粉、白糖、熟猪油和水搓揉成面团，醒30分钟，分成小份，擀成正方形，再包入馅料，搓成长条，沾上芝麻。

❸ 油锅烧热，下入口口香炸至表面金黄，捞出沥油，盛盘即可。

潮式炸油果

材料

花生50克，芝麻15克，红薯120克，糯米粉200克

调料

红糖20克，花生油适量

做法

❶ 把花生、芝麻、红糖混合均匀，即成馅料。

❷ 红薯洗净，去皮切末，入笼蒸熟后，拌入糯米粉，搓匀成粉团，再均匀地切成小块，即成油果皮。

❸ 在油果皮中包入馅料，揉成三角形，捏紧剂口，放入油锅中炸熟即可。

炒米鲜奶酪

材料

鲜奶酪80克，水淀粉150毫升，小米40克

调料

白糖15克，花生油适量

做法

❶ 鲜奶酪切成小块，再均匀地裹上水淀粉，放入油锅中，用大火炸一下后捞出沥油。

❷ 炒锅烧热，不用放油，将小米入锅炒香后，倒出放凉。

❸ 油锅烧热，放入鲜奶酪炒一下，然后放入小米翻炒几下，再用水淀粉勾芡，放入白糖调味即可。

传统炸三角

材料

花生、芝麻、杏仁各80克，糯米粉250克，清水适量

调料

白糖35克，花生油适量

做法

❶ 花生、芝麻、杏仁、部分白糖放入锅中炒香制成馅；糯米粉、剩余白糖加温水和成面团。

❷ 将面团搓成条，掐成小剂子，用手压扁，放入馅料，用两手将边缘折起呈三角形，捏紧剂口。

❸ 锅置于火上，注油烧至七成热，放入三角，炸至两面呈金黄色后捞出，沥干油分，装盘即可。

脆皮一口香

材料

面粉150克，生猪肉100克，竹笋80克，火腿100克，香菇50克，辣椒、豆皮、温水各适量

调料

食盐、味精、花生油、老抽各适量

做法

1. 面粉、食盐加温水和匀；生猪肉、竹笋、火腿、香菇、辣椒洗净切末。

2. 油锅烧热，将猪肉末、笋末、火腿末、香菇末、辣椒末放入锅中炒香，再放入食盐、味精、老抽调味后炒匀，即成馅料。

3. 豆皮洗净，切成正方形，包入馅料，剂口用面粉糊好，再裹上面粉，放入油锅中，炸至呈金黄色即可。

脆皮奶黄

材料

鸡蛋50克，黄油70克，吉士粉15克，牛奶、清水各适量，面粉100克

调料

白糖15克

做法

1. 将黄油软化，加入白糖、鸡蛋、牛奶、吉士粉拌匀，隔水蒸好，做成奶黄馅。

2. 面粉、白糖加清水调匀成面团，掐成小剂子，再将剂子揉匀，包入奶黄馅，捏紧剂口。

3. 油锅置于火上，注油烧至七成热，放入奶黄团，炸至呈金黄色后捞出，沥干油分即可。

脆皮土豆泥

材料

土豆150克，面粉100克，清水适量

调料

白糖25克，花生油适量

做法

❶ 土豆洗净，放入锅中煮熟后去皮，捣成土豆泥，用手捏成扁圆形。

❷ 面粉、白糖加清水调匀成面糊，均匀地裹在土豆泥上。

❸ 油锅置于火上，烧至七成热，放入土豆泥，炸至呈金黄色后捞出，沥干油分即可。

脆炸苹果环

材料

苹果3个，面粉150克，清水适量

调料

白糖15克，花生油适量

做法

❶ 苹果洗净，切成厚片，再以圆形模具刻成圆环形。

❷ 面粉、白糖加入清水调匀成面糊，均匀地裹在苹果环上。

❸ 油锅置于火上，注油烧至七成热，放入苹果环，炸至呈金黄色后捞出，沥干油分即可。

大肉火烧

材料

猪五花肉300克，蛋清30毫升，面粉350克，清水适量

调料

食盐4克，鸡精2克，花椒粉、芝麻酱各适量

做法

1. 面粉加入清水，揉成光滑的面团，将面剂拉得长如腰带，宽约3厘米，再卷成陀螺状，旋磨成形后压平。
2. 猪五花肉洗净，剁成肉糜，加入食盐、鸡精、蛋清、花椒粉、芝麻酱拌成馅。
3. 在面团中放入馅料，再包好压平，入炉，用大火炙烤，待中间的面自然膨胀伸开，面团烤熟即可。

金沙奶皮

材料

鲜牛奶600毫升，红豆沙200克，鸡蛋1个，炒米50克

调料

花生油适量

做法

1. 鲜牛奶煮熟后，微火烘煮，使水分蒸发，奶汁浓缩，在锅底凝结成一个黄色奶饼，放凉处阴干做成奶皮，切成两块；鸡蛋打入碗中搅匀。
2. 将红豆沙放在奶皮上，用小铲子推平，再盖上另外一块奶皮夹住豆沙。
3. 将奶皮切成长方形块，沾上蛋液，裹上炒米。
4. 净锅注油加热，炸至呈黄色即可。

绵花杯

材料

糯米粉250克，面粉100克，芒果80克，发酵粉3克，温水适量

调料

白糖25克

做法

① 糯米粉、面粉、发酵粉、白糖加温水调成糊；芒果去皮洗净，切成丁。

② 用纸杯模装好糊，将芒果丁撒在糊上，放入蒸锅，用大火蒸10分钟即可。

豆沙松仁果

材料

红豆200克，松仁60克，清水适量

调料

白糖30克，沙拉油、花生油各适量

做法

① 红豆洗净，加入清水，放入锅中煮软，用纱网过滤后压碎，再放入锅中，加少许清水、白糖、沙拉油一起煮，并不断搅拌，冷却后即成红豆沙。

② 将豆沙揉成圆团，再在表面沾上松仁，放入油锅中炸至金黄即可。

奶黄西米球

材料

糯米粉200克，熟猪油50克，黄油120克，鸡蛋1个，牛奶、西米各50克，白糖40克，吉士粉15克，开水适量

调料

花生油适量

做法

1. 糯米粉加入熟猪油、白糖、开水揉成表面光滑的面团；黄油软化，加入白糖、鸡蛋、牛奶、吉士粉拌匀，隔水蒸好，做成奶黄馅；西米用温水泡发至透明状。

2. 将面团搓条，揪成小剂子，按扁后，包入奶黄馅，搓成球形，均匀地裹上西米，放入刷了油的蒸笼里蒸熟即可。

馓子

材料

面粉350克，熟猪油50克

调料

花椒水30毫升，花生油适量

做法

1. 面粉加入熟猪油、花椒水和成面团，切成10小块。

2. 油锅烧热，取一块面团压成圆饼，从中用手指捅一个洞，先拉长，再搓成圆长条，用长筷子挂好撑开，一端入油稍炸，起小泡后提起。

3. 将中段入油，稍炸后再全部入油，用筷子错开合并，抽出，再用筷子拢住使之不分开，炸至呈金黄色时捞出沥油即可。

锅盔辣子

材料

面粉500克，发酵粉3克，青辣椒、红辣椒各60克，温水适量

调料

蒜末、葱末各10克，食盐3克，味精1克，花生油适量

做法

❶ 发酵粉用温水化开，放入面粉中，加清水和成面团，放置半小时。

❷ 在案板上撒少许干面粉，将发酵好的面团放在案板上反复揉搓，分成两份，擀成圆饼，放入电饼铛中烙6分钟即可。

❸ 青辣椒、红辣椒洗净切碎。

❹ 油锅烧热，放入蒜末、葱末爆香，再放入辣椒，加入食盐、味精拌匀，搭配烙好的锅盔食用即可。

驰名桂花扎

材料

猪瘦肉、猪肥肉各250克，咸蛋黄4个

调料

料酒、白糖、老抽、姜汁、蒜片、食盐各适量

做法

❶ 猪瘦肉、猪肥肉洗净，切成薄片；肥肉用料酒、白糖腌渍，瘦肉用老抽、姜汁、蒜片、食盐、白糖、料酒腌渍，都放入冰箱中静置一晚。

❷ 咸蛋黄弄碎，放在一片瘦肉和一片肥肉之间，用绳子捆紧。

❸ 放入烤箱，预热，调至180℃，每5分钟涂一次腌瘦肉的汁，烤半小时后取出，切片即可。

椰香糯米丝

材料

新鲜椰子汁50毫升，糯米粉150克，椰糠
30克

调料

白糖15克

做法

❶ 糯米粉与椰子汁拌匀，再加入白糖揉匀。

❷ 将揉匀的粉团分成6等份，揉成球状，放入
蒸锅中蒸20分钟。

❸ 取出后滚上椰糠，排于盘中即可。

金线油塔

材料

面粉200克，食盐3克，熟芝麻少许，清水
适量

调料

葱适量，老抽15毫升，甜面酱20克，五香粉
5克

做法

❶ 面粉与水搅成絮状，搓成团后，静置几分
钟；葱洗净，切葱花。

❷ 将面团擀成片卷起，切成长条，再切成细
面丝，用手扯开，拉成细丝。

❸ 放入蒸笼中蒸30分钟，取出，再将所有调
味料拌匀，供蘸食即可。

糖熘卷果

材料

面粉200克，花生米30克，红枣30克，白芝麻少许，清水适量

调料

红糖20克

做法

① 红枣洗净去核后切碎；花生米洗净；白芝麻入热锅中炒香，再放入红糖和清水一起炒匀成糖浆备用。

② 面粉加适量清水调匀，再放入花生米、红枣揉匀成团，再擀平切成块。

③ 将面团放入烤箱中烤20分钟，取出浇上炒匀的白芝麻与红糖糖浆即可。

干焙土豆丝

材料

土豆50克，面粉80克，清水适量

调料

食盐2克，香油10毫升，味精2克，花生油适量

做法

① 土豆去皮洗净切丝；面粉用清水调匀，再放入土豆丝、调味料拌匀。

② 锅内注油烧热，用大勺将拌好的土豆丝轻轻地放入油锅中，煎成饼状。

③ 待煎至呈金黄色时，起锅，切成三角形，装入盘中即可。

香酥芝麻枣

材料

面粉150克，白芝麻30克，蜜枣50克，清水适量

调料

白糖12克

做法

❶ 白芝麻入热锅中炒香；蜜枣去核，打成泥。

❷ 面粉加入清水和成面团，擀成圆片，包入枣泥、白糖，再捏成椭圆状，并在外表沾上白芝麻。

❸ 将做好的面团放入烤箱中烤20分钟，取出装入盘中即可。

椰香糯米糍

材料

糯米粉200克，椰汁50毫升，椰糠30克，花瓣少许

调料

白糖20克

做法

❶ 糯米粉加椰汁搅拌成面团，再加入白糖揉匀。

❷ 将糯米粉团搓成球状，放入蒸锅中蒸20分钟。

❸ 取出，裹上椰糠后装盘，用花瓣点缀即可。

香辣薯条

材料

土豆100克，白芝麻、青椒各少许

调料

食盐3克，味精1克，干辣椒20克，花生油适量

做法

❶ 土豆去皮洗净后切条，放入油锅中炸至呈金黄色后取出；干辣椒洗净，切段；青椒洗净切丝。

❷ 锅中注油烧热，放入干辣椒炒香，再放入土豆条、青椒丝、白芝麻炒匀。

❸ 炒熟后，放入食盐、味精调味，装盘即可。

鸭梨一口香

材料

鸭梨1个，面粉200克，清水适量

调料

食盐2克，白糖10克，花生油适量

做法

❶ 鸭梨去皮洗净后切丁。

❷ 面粉加入清水搅拌成絮状，加入食盐、白糖揉成面团。

❸ 将面团分成若干份，擀成薄皮，放入鸭梨丁后卷起，再放入油锅中炸至呈金黄色，捞起排于盘中即可。

雪花核桃泥

材料

面粉120克，鸡蛋2个，核桃仁40克，清水、冰激凌各适量

调料

白糖15克，花生油适量

做法

① 核桃仁洗净切碎；鸡蛋打散。

② 将面粉加入适量清水拌成絮状，再加入鸡蛋、核桃仁、白糖拌匀成面浆。

③ 将拌匀的面浆放入油锅中煎成饼，起锅装盘，再将冰激凌置于面饼上面即可。

糯米糍

材料

糯米粉200克，椰糠30克，豆沙40克，清水适量

调料

白糖15克

做法

① 糯米粉加入适量清水揉匀成粉团，并分成三等份；豆沙与白糖拌匀。

② 将三个粉团压扁，放入豆沙，包裹成球形，再放入蒸锅中蒸30分钟。

③ 取出后裹上椰糠，排于盘中即可。

盘中彩玉

材料

面粉100克，鸡蛋1个，枸杞子、龙眼肉各15克，清水适量

调料

食盐3克，味精2克，花生油适量

做法

1. 面粉加入清水于碗中调匀，再加入打散的鸡蛋、枸杞子、龙眼肉、食盐、味精一起拌匀成面浆。
2. 锅中注油烧热，倒入调匀的面浆，煎至发泡蓬松，完全成熟时，起锅装盘即可。

金丝蛋黄饺

材料

面粉150克，鸡蛋液80毫升

调料

糖浆100克，花生油适量

做法

1. 面粉、鸡蛋液、糖浆和匀成面糊。
2. 油锅烧热，倒入适量面糊炸至呈金黄色时，用筷子挑成丝，起锅装盘，待凝固即可。

腊味薄撑

材料

糯米粉200克，腊肉100克，虾米20克，叉烧适量，清水300毫升，鸡蛋50克

调料

食盐、味精各3克，白糖10克，淀粉、花生油各适量

做法

❶ 将虾米等原材料一起洗净，均切成粒。

❷ 净锅上火，注油烧热，放入所有切成粒的原材料一起炒匀作为馅料。

❸ 糯米粉、淀粉、清水、鸡蛋一起和匀，制成薄撑浆。

❹ 煎锅上火，烧热，放入薄撑浆，煎至两面呈金黄色。

❺ 将馅料放于薄撑皮上，再将薄撑皮卷起来，慢慢卷成筒状，用刀切成6块，装盘即可。

雪衣豆沙

材料

豆沙200克，鸡蛋2个（取蛋清）

调料

白糖20克，淀粉、花生油各适量

做法

❶ 将豆沙制成小球状，蛋清搅打均匀成糊状。

❷ 将豆沙球放入蛋清中，加入淀粉拌匀后放入油锅中炸至呈金黄色捞出。

❸ 沥油后摆盘，撒上白糖即成。

灌汤藕丝丸

材料

莲藕150克，皮冻100克，肉馅150克，面包屑200克

调料

黄酒10毫升，食盐3克，味精3克，白糖5克，花生油、葱丝、姜丝各适量

做法

❶ 将莲藕去皮洗净切丝。

❷ 藕丝、肉馅、葱丝、姜丝放入盘中，加黄酒、食盐、味精、白糖搅拌均匀。

❸ 包入皮冻，搓成小圆球状，沾上面包屑，放入热油中炸至金黄，装盘即可。

鸳鸯玉米粑粑

材料

新鲜青玉米400克，玉米面粉、糯米粉各50克

调料

白糖50克，花生油适量

做法

❶ 将青玉米叶剥下留用，玉米粒搅成糊状，再倒入玉米面、糯米粉、白糖搅拌均匀，做成玉米糊。

❷ 用玉米叶包住调好的玉米糊，上火蒸熟后即称玉米粑粑。

❸ 取一半玉米粑粑，下锅煎至两面金黄，此称煎玉米粑粑。

❹ 将两种粑粑摆入盘中即可。

荷花羊肉盏

材料

面粉150克，生羊肉50克，青椒20克，红椒20克，洋葱20克，清水适量，松仁4克

调料

食盐3克，花生油5毫升，胡椒3克

做法

① 生羊肉洗净切丁，青椒、红椒洗净切粒，洋葱洗净切粒；切好的材料均下油锅炒香，加入胡椒、食盐炒入味备用。

② 面粉加水做成灯盏形，烤熟。

③ 将炒熟的菜放在盏内，再撒上松仁即可。

空心煎堆仔

材料

糯米粉50克，白芝麻5克，泡打粉1克，清水适量

调料

白糖2克，花生油适量

做法

① 将糯米粉、白糖、白芝麻、泡打粉一起倒入盆中，加适量清水，和匀成面团。

② 取适量面团，用手捏成大小均匀的圆团。

③ 将圆团在油锅中炸至呈金黄色即可。

炸茨球

材料

茨粉150克，面粉10克，鸡蛋2个，面包粉20克，淡奶5克，黄油少许，清水适量

调料

食盐、花生油、胡椒粉各适量

做法

❶ 清水煲开后，加入食盐、胡椒粉、黄油及淡奶，煲滚；鸡蛋去壳，打散成蛋汁。

❷ 在煲滚的水中加入茨粉，搅匀至泥状，再将茨泥做成肉丸状，扑上面粉、蛋汁后再加面包粉。

❸ 烧热半锅油，放入茨球，炸至呈金黄色，捞起沥油即可。

韭菜合子

材料

面粉300克，韭菜、猪瘦肉各100克，蛋清10毫升，清水适量

调料

食盐3克，鸡精1克，花生油适量

做法

❶ 将面粉加入适量清水和成面团，用湿布盖住，搁置几分钟备用。

❷ 韭菜择洗净，和猪瘦肉一起剁成泥，加入食盐、鸡精、蛋清拌匀成馅。

❸ 将面团分成小块，擀成面皮，每块面皮包住适量馅，放入平底锅中，烙至两面皆呈金黄色即可。

锅贴火腿

材料

馒头2个，火腿200克

调料

食盐3克，味精1克，花生油适量

做法

❶ 馒头切片，火腿洗净，切成比馒头稍小一点的片；取半碗冷开水，调入食盐、味精拌匀。

❷ 将馒头放入调好的盐水中稍浸，每两片中间夹一片火腿，入油锅中煎至呈金黄色。

❸ 翻面，继续煎至两面均呈金黄色、火腿熟时即可。

大油馕

材料

发酵面团200克，芝麻少许

调料

花生油20毫升，食盐5克

做法

❶ 发酵面团揉匀，掐成面剂，用手搓匀，搓成光滑的圆形面团，用手掌将其按扁，再继续按成中间薄边缘厚的面饼。

❷ 用两手握住饼边缘旋转，制成规则的圆形饼，用刀在饼中央刻花纹，再用油、食盐抹匀，压花。

❸ 在边缘和中央各撒上一层白芝麻，再抹上一层用花生油和食盐调匀的水，放入炉中烤至呈金黄色至熟即可。

羊肉夹馍

材料

精面粉150克，白糖10克，生羊肉100克，青椒、清水、红椒各适量，泡打粉2克

调料

花生油少许，食盐3克，酵母1克，鸡精1克，胡椒粉5克，生抽10毫升，孜然5克，辣椒粉3克

做法

❶ 将面粉、酵母、泡打粉拌匀，加入白糖、清水和成面团，分成小剂，擀薄，盘成螺旋状，发酵。

❷ 再擀成圆形做成馍，入煎锅煎熟。

❸ 油锅烧热，放入羊肉翻炒变色后，放入青椒、红椒及其余所有调料炒匀。

❹ 将烤熟的馍切开，放入炒熟的羊肉即可。

花生豆花

材料

黄豆、去皮花生米各300克，豆花粉80克

调料

白糖适量

做法

❶ 花生米入锅，加水煮软；黄豆泡软，放入果汁机内，加水搅打后用细纱布袋滤出豆汁；豆汁入锅，加水煮沸后转小火再煮10分钟，捞除浮沫即为热豆浆。

❷ 豆花粉倒入另一个有盖的深锅，加水调匀，倒入热豆浆，盖上锅盖约10分钟，凝结即成豆花，再放入适量花生米，加入白糖即可。

芝麻汤圆

材料

糯米粉250克，芝麻80克，清水适量

做法

❶ 糯米粉加清水和成团，掐剂揉成小面团。

❷ 将小面团中间按出凹陷状，放入芝麻，用手对折压紧，揉成圆形，即成汤圆生坯。

❸ 净锅烧开水，放入汤圆，煮至汤圆浮起后，反复加冷水煮开，待汤圆再次浮起即可。

莲蓉汤圆

材料

糯米面团250克，莲蓉100克

做法

❶ 莲蓉取出，搓成条，用刀分切成小段；糯米面团掐剂揉成小面团。

❷ 将小面团中间按出凹陷状，放入莲蓉，用手对折压紧，揉成圆形，即成汤圆生坯。

❸ 净锅烧开水，放入汤圆，煮至汤圆浮起后，反复加冷水煮开，待汤圆再次浮起即可。